AF472904

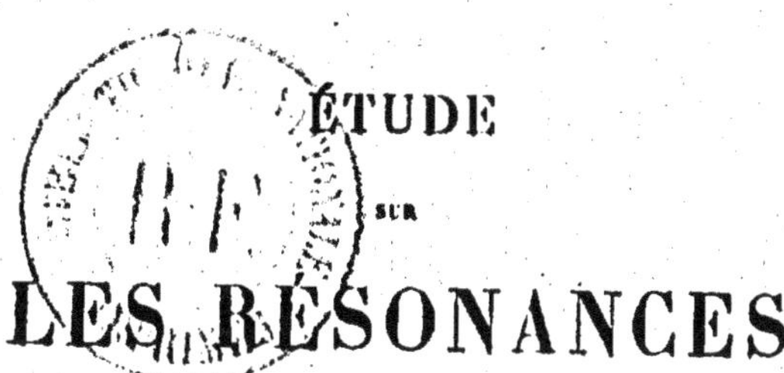

ÉTUDE

SUR

LES RÉSONANCES

DANS

LES RÉSEAUX DE DISTRIBUTION PAR COURANTS ALTERNATIFS

ÉTUDE

SUR

LES RÉSONANCES

DANS

LES RÉSEAUX DE DISTRIBUTION PAR COURANTS ALTERNATIFS

PAR

G. CHEVRIER

INGÉNIEUR A LA COMPAGNIE DU SECTEUR
DE LA RIVE GAUCHE DE PARIS

ÉDITÉ PAR L'*ÉCLAIRAGE ÉLECTRIQUE*
40, RUE DES ÉCOLES, 40
PARIS, Ve

ÉTUDE

SUR

LES RÉSONANCES

DANS

LES RÉSEAUX DE DISTRIBUTION PAR COURANTS ALTERNATIFS

La question des résonances dans les circuits de courants alternatifs a fait l'objet d'un certain nombre de mémoires, publiés à des dates diverses dans les périodiques français et étrangers (1). On peut, à la vérité, trouver dans l'ensemble de ces publications la plupart des théories et des faits d'expérience qu'un praticien doit connaître pour être à l'abri des surprises résultant de la manifestation inopinée de certains phénomènes; mais, tout au moins autant que j'aie pu le constater dans le cadre restreint de mes recherches bibliographiques, chaque mémoire original vise moins un exposé général de la question que l'étude d'un ou de plusieurs cas particuliers: étude basée sur un ensemble de connaissances générales que l'auteur suppose le plus souvent acquises, alors qu'on en chercherait en vain les éléments dans la plupart des Traités d'électrotechnique.

(1) Voir en particulier les articles publiés sur ce sujet par M. Maurice Leblanc :
Éclairage électrique, T. XXI, p. 81, 172 ; T. XXV, p. 264.
Lumière électrique, T. XL (1891), p. 201, 257, 311.

Cette circonstance, et un manque inévitable d'homogénéité dans les notations, ainsi que dans les méthodes suivies par les divers auteurs, compliquent singulièrement la tâche de l'ingénieur désireux de se mettre au courant d'une partie de sa technique, dont l'importance pratique, déjà très grande à l'heure actuelle, ne fera que s'accroître en fonction du développement des réseaux et de l'emploi des hauts potentiels.

Le but du présent travail est de réaliser, en dehors de toute prétention à des conceptions ou à des méthodes inédites, une coordination méthodique des connaissances acquises. J'ai surtout cherché à dégager des équations et des formules la réalité physique des facteurs; ou, à défaut d'une semblable réalité objective, ce qui nous paraît tout au moins pouvoir en tenir lieu à titre d'hypothèse. C'est pourquoi j'ai cru devoir faire précéder l'étude analytique des résonances électriques par celle des résonances mécaniques, afin de pouvoir rattacher à un ordre de conceptions plus concrètes l'interprétation, toujours assez abstraite par nature, des lois électriques déduites du calcul.

L'exemple suivant fera ressortir la nécessité d'une semblable généralisation pour le cas qui nous occupe.

On peut formuler très simplement la condition de résonance d'un circuit comportant une self-induction et un condensateur en série, si l'on considère que, les différences de potentiel aux bornes de la self et de la capacité étant décalées de 180°, leurs valeurs efficaces ωLI et $\frac{I}{\omega C}$ se retranchent arithmétiquement : d'où il résulte que, pour une valeur donnée de la *f. e. m.* appliquée aux bornes du circuit, l'intensité sera maxima pour $\omega LI = \frac{I}{\omega C}$, soit pour $\omega^2 LC = 1$.

Mais, dans ce mode de raisonnement qui, mettant en présence deux *f. e. m.* constantes de sens opposés, s'appliquerait aussi bien au cas des courants continus qu'à celui des courants périodiques définis par leurs valeurs efficaces, rien ne saurait conduire à la conception d'un phénomène de résonance et par suite justifier l'emploi de ce terme. C'est qu'en effet l'introduction des valeurs efficaces vient ici masquer en quelque sorte l'allure périodique du phénomène, adéquate à la notion de résonance. Or l'obtention d'une formule peut n'être pas le seul but qu'il y ait lieu de se proposer, et il n'est pas inutile de rendre compte des raisons qui ont conduit à employer tel mot plutôt que tel autre. C'est pourquoi je me suis efforcé de montrer l'identité complète de nature que présentent, avec cette partie de l'électrotechnique, les phénomènes vibratoires en général, et plus particulièrement (voir par. 24), ceux qui sont du domaine spécial de l'acoustique et auxquels le terme résonance doit son origine.

Cette étude est divisée en trois parties :

La 1re est un exposé succinct de la théorie des mouvements oscillatoires ;

La 2e reproduit cette théorie, spécialisée au cas des circuits doués de capacité et de self-induction ;

Enfin, la 3e consiste dans l'application des résultats précédemment obtenus aux conditions de la pratique courante.

CHAPITRE I

MOUVEMENTS OSCILLATOIRES

1. Le mouvement oscillatoire d'un mobile de part et d'autre d'une position d'équilibre stable peut être considéré comme résultant de deux actions distinctes: celle d'une force, fonction de sa distance à cette position, tendant à l'y maintenir ou à l'y ramener quand on l'en écarte ; et celle de l'inertie propre au système dont il fait partie, agissant pour l'entraîner au delà.

2. Soustrait à toute autre action, le mouvement se continuerait indéfiniment, par une série de transformations successives et inverses d'énergie potentielle en énergie actuelle : le système repassant périodiquement par les mêmes états de position et de vitesse. Prenons pour exemple le cas d'un mobile de masse M attiré vers un centre O par une force à chaque instant proportionnelle à la distance S qui le sépare de sa position d'équilibre en O, et libre de se mouvoir sans frottement d'aucune sorte. Supposons qu'après l'avoir amené à une distance S_0 du centre O, on l'abandonne à lui-même. A un instant quelconque t, l'énergie totale W du système sera la somme d'une quantité W_p d'énergie poten-

tielle, déterminée par son élongation S, et d'une quantité W_a d'énergie actuelle, correspondant à sa vitesse v au même instant.

La force agissante étant, par hypothèse, proportionnelle à S, son travail, pendant le temps dt, sera :

$$dT = KSdS.$$

L'énergie potentielle, mesurée par le travail accompli dans le passage de la position actuelle à la position d'équilibre stable pour laquelle $S = O$, aura donc pour valeur :

$$W_p = \int_0^S KSdS = \frac{1}{2} KS^2 \tag{1}$$

Soit v la vitesse du mobile au même instant : on aura :

$$W_a = \frac{1}{2} Mv^2 \tag{2}$$

La somme :

$$W = \frac{1}{2} (KS^2 + Mv^2) \tag{3}$$

est, en vertu du principe de la conservation de l'énergie, constante, et égale à $\frac{1}{2} KS_0^2$, valeur de l'énergie potentielle initiale ; écrivant donc que sa variation, pendant le temps dt, est nulle, on aura :

$$Mvdv + KSdS = o \tag{4}$$

soit :

$$M \frac{dS}{dt} \frac{d^2S}{dt^2} dt + KSdS = o$$

soit enfin :

$$M \frac{d^2S}{dt^2} = -KS \quad (5)$$

(1)

équation différentielle du mouvement, dont l'intégrale est :

$$S = C \sin t\sqrt{\frac{K}{M}} + C' \cos t\sqrt{\frac{K}{M}}. \quad (6)$$

avec deux constantes arbitraires C et C'. Si l'on prend pour origine des temps l'instant où le mobile a été abandonné à lui-même, pour $t = 0$, on aura $S = S_0$ et $\frac{dS}{dt} = 0$, d'où l'on déduit $C = 0$ et $C' = S_0$.

3. L'équation du mouvement sera donc :

$$S = S_0 \cos t\sqrt{\frac{K}{M}}. \quad (7)$$

La courbe figurative est une sinusoïde, ayant pour ordonnée maxima S_0. On voit que le mobile repassera indéfiniment par sa position initiale S_0 aux instants définis par la relation :

$$t\sqrt{\frac{K}{M}} = 2n\pi, \text{ soit, pour } t = 2n\pi\sqrt{\frac{M}{K}}$$

n variant de O à l'infini.

(1) Bien que les méthodes qui conduisent à l'établissement de cette équation différentielle et de celles qui suivent soient surabondamment connues, j'ai cru devoir les reproduire ici et dans le chapitre 2, afin de mettre en évidence la parfaite identité des deux cas. C'est aussi dans ce but que je les ai basées sur la notion d'énergie, plutôt que sur celle de force et d'accélération.

4. On appelle période la durée qui sépare deux passages consécutifs du mobile à la même position. On obtiendra la valeur Θ de la période en faisant $n = 1$ dans la relation précédente, soit :

$$\Theta = 2\pi\sqrt{\frac{M}{K}} \tag{8}$$

L'équation (7) pourra donc s'écrire :

$$S = S_0 \cos \frac{2\pi}{\Theta} t, \tag{9}$$

soit encore, en posant :

$$\Omega = \frac{2\pi}{\Theta},$$

$$S = S_0 \cos \Omega t, \tag{10}$$

avec la relation :

$$\Omega = \sqrt{\frac{K}{M}} \quad \text{ou} \quad M\frac{\Omega^2}{K} = 1. \tag{11}$$

Fréquence. — On appelle fréquence le nombre de périodes par seconde : soit, pour n périodes, correspondant à une durée $n\Theta$:

$$F = \frac{n}{n\Theta} = \frac{1}{\Theta} = \frac{\Omega}{2\pi}. \tag{12}$$

Le facteur Ω peut donc, comme Θ, définir la fréquence : nous l'appellerons *facteur de fréquence*.

Enfin, la valeur S de l'élongation, ou amplitude du mouvement, à un instant quelconque, déterminera ce qu'on appelle la *phase* de l'oscillation.

5. ***Cas d'un milieu résistant.*** — La résistance du

milieu vient adjoindre aux deux facteurs *force* et *inertie* un 3e facteur dont l'effet sera de transformer en chaleur, à chaque demi-oscillation, une partie de l'énergie disponible.

Dans ces conditions, cette énergie décroissant d'une façon continue, il en sera de même pour les valeurs consécutives de l'amplitude maxima atteinte à chaque fin de course, et le mouvement finira par s'arrêter.

A chaque instant t, l'énergie totale W du système sera la somme des énergies potentielle et actuelle correspondant, l'une à sa position S, l'autre à sa vitesse v, augmentée de la quantité de chaleur produite par le travail de la résistance depuis l'origine du mouvement jusqu'à l'instant considéré, et numériquement égale à ce travail.

6. — Nous admettrons que la résistance opposée par le milieu est proportionnelle à la vitesse $\frac{dS}{dt}$ du mobile, soit égale à $R\frac{dS}{dt}$; le travail élémentaire de cette force sera donc égal à $R\frac{dS}{dt}dS$.

D'où :

$$W = \frac{1}{2}KS^2 + \frac{1}{2}Mv^2 + \int_0^t R\frac{dS}{dt}dS \tag{13}$$

$$= \frac{1}{2}KS_0^2$$

valeur de l'énergie potentielle initiale.

Écrivant que la variation dW de cette énergie dans le temps dt est nulle, on aura :

$$KSdS + Mvdv + R\frac{dS}{dt}dS = 0, \tag{14}$$

soit :

$$KSdS + M\frac{dS}{dt}\frac{d^2S}{dt^2}dt + R\frac{dS}{dt}dS = 0,$$

soit enfin :

$$M\frac{d^2S}{dt^2} + R\frac{dS}{dt} + KS = 0 \tag{15}$$

équation différentielle du mouvement.

Il y a lieu de considérer deux cas, suivant que l'on aura :

$$R^2 < 4KM$$

ou

$$R^2 > 4KM.$$

7. — *Cas de* $R^2 < 4KM$. — L'équation du mouvement peut alors s'écrire :

$$S = S_0 e^{-\frac{R}{2M}t} \sin\left(\frac{\sqrt{4KM - R^2}}{2M}t - \varphi\right), \tag{16}$$

le temps étant toujours compté à partir de l'instant où le mobile, après avoir été amené à une distance S_0 de sa position d'équilibre, a été abandonné à lui-même.

Comme dans le premier cas étudié, le mouvement est oscillatoire, mais avec cette différence que son amplitude maxima, donnée par la condition :

$$\sin\left(\frac{\sqrt{4KM - R^2}}{2M}t - \varphi\right) = 1$$

au lieu d'être une constante S_0, a maintenant une valeur :

$$S_m = S_0 e^{-\frac{R}{2M}t}$$

qui décroît en fonction du temps t.

Cette relation montre que l'amplitude maxima n'arrivera à être nulle qu'après une durée théoriquement infinie ; mais, dans la pratique, R peut se trouver assez grand par rapport à M pour que l'amplitude soit rendue infiniment petite au bout d'un temps quelconque, voire même très court.

La période d'oscillation propre du système est donnée par la relation :

$$\frac{\sqrt{4KM - R^2}}{2M} = \frac{2\pi}{\Theta},$$

soit :

$$(17) \qquad \Theta = 2\pi\sqrt{\frac{4M^2}{4KM - R^2}} = \frac{2\pi}{\sqrt{\frac{K}{M} - \frac{R^2}{4M^2}}}$$

et :

$$(18) \qquad \Omega = \sqrt{\frac{K}{M} - \frac{R^2}{4M^2}}.$$

8. — ***Cas de*** $R^2 \geqslant 4KM$. — Pour $R^2 = 4KM$, l'équation différentielle (15) a pour solution :

$$(19) \qquad S = e^{-\frac{R}{2M}t}(Ct + C')$$

et pour : $R^2 > 4KM$,

$$(20) \qquad S = C_1 e^{x_1 t} + C_2 e^{x_2 t},$$

x_1 et x_2 étant les racines de l'équation :

$$Mx^2 + Rx + K = 0.$$

On voit donc qu'à partir de la condition limite :

$$R^2 = 4KM$$

le mouvement cessera d'être oscillatoire : l'élongation décroissant depuis la valeur initiale S_0 jusqu'à O, sans que le mobile dépasse sa position d'équilibre, atteinte pour $S = O$.

9. — Il est facile de vérifier que la totalité de l'énergie potentielle disponible à l'origine est alors transformée en chaleur pendant la durée du passage de la position S à la position d'équilibre. La condition est en effet que le travail de frottement accompli entre ces deux positions du mobile soit égale à la valeur initiale $\frac{1}{2} KS_0^2$ de l'énergie potentielle, soit :

$$R \int_0^{S_0} \frac{dS}{dt} dS = \frac{1}{2} KS_0^2$$

avec les relations :

$$S = C'e^{-\frac{R}{2M}t} + Cte^{-\frac{R}{2M}t}$$

et :

$$\frac{dS}{dt} = -\frac{R}{2M} C'e^{-\frac{R}{2M}t} + Ce^{-\frac{R}{2M}t} - Ct\frac{R}{2M}e^{-\frac{R}{2M}t}.$$

Les constantes se détermineront en considérant que, à l'instant $t = o$, on a :

$$S = S_0 \quad \text{et} \quad \frac{dS}{dt} = o.$$

on en déduit :

$$S = S_0 e^{-\frac{R}{2M}t} + \frac{R}{2M} S_0 t e^{-\frac{R}{2M}t} \tag{21}$$

et :

$$\frac{dS}{dt} = -\frac{R}{2M} S + \frac{R}{2M} S_0 e^{-\frac{R}{2M}} \tag{22}$$

d'où :

$$R\int_0^{S_0}\frac{dS}{dt}dS = -R\int_0^{S_0}\frac{R}{2M}SdS + \frac{R^2}{2M}S_0\int_0^{S_0}e^{-\frac{R}{2M}t}dS.$$

La valeur du premier terme est $\frac{R^2}{4M}S_0^2$.

Mettant le second terme sous la forme :

$$\frac{R^2}{4M}S_0\int_\infty^0 e^{-\frac{R}{2M}t}\frac{dS}{dt}dt$$

et intégrant, après avoir remplacé $\frac{dS}{dt}$ par sa valeur en fonction de t tirée des équations (21) et (22), on trouve, pour valeur du second terme :

$$R\left[\frac{R^2}{8M^2}S_0^2te^{-\frac{R}{2M}t} - \frac{R}{8M}S_0^2e^{-\frac{R}{2M}t}\right]_\infty^0$$

$$= \begin{cases} \text{Pour } t = 0 : -\frac{R^2}{8M}S_0^2, \\ \text{Pour } t = \infty : 0 \text{ (1)}. \end{cases}$$

D'où :

$$R\int_0^{S}\frac{dS}{dt}dS = S_0^2\left(\frac{R^2}{4M} - \frac{R^2}{8M}\right) = S_0^2\frac{R^2}{8M}.$$

La condition pour que la totalité de l'énergie potentielle initiale soit transformée en chaleur, depuis $S = S_0$ jusqu'à $S = 0$, est donc :

$$S_0^2\frac{R^2}{8M} = \frac{1}{2}KS_0^2 \qquad \text{ou} \qquad \frac{R^2}{4M} = K.$$

(1) Pour $t = \infty$, le facteur $te^{-\frac{R}{2M}t}$ ou $\frac{t}{e^{\frac{R}{2M}t}}$ se présente sous la forme $\frac{\infty}{\infty}$. Prenant les dérivées du numérateur et du dénominateur, leur quotient est $\frac{1}{\frac{R}{2M}e^{\frac{R}{2M}t}}$: il est égal à 0 pour $t = \infty$.

10. ***Action d'une force périodique sur un système oscillant*** (1). — Nous avons jusqu'à présent considéré le mouvement du système comme uniquement déterminé par les conditions de force intérieure et d'inertie qui le caractérisent, abstraction faite de toute action extérieure autre que l'impulsion initiale qui l'a écarté de sa position d'équilibre, et la résistance du milieu ambiant.

Il nous reste à étudier le cas où il serait soumis à l'action d'une force extérieure d'intensité périodiquement variable. Nous admettrons que la force varie suivant la loi sinusoïdale : soit :

$$F = F_0 \sin(\omega t - \varphi)$$

son expression en fonction du temps ; F_0 étant sa valeur maxima, et ω le facteur définissant sa période T par la relation :

$$\omega = \frac{2\pi}{T}.$$

La variation, dans l'intervalle de temps dt, de l'énergie interne du système, sera égale au travail élémentaire Fds de la force ; on aura donc, pour déterminer le mouvement, l'équation :

$$KSdS + Mvdv + R\frac{dS}{dt}dS = FdS,$$

soit :

$$KSdS + M\frac{dS}{dt}\frac{d^2S}{dt^2}dt + R\frac{dS}{dt}dS = FdS;$$

soit enfin :

(1) Voir : « La synchronisation électromagnétique » par M. Cornu (*Bulletin de la Société internationale des Électriciens*), T. XI, n° 107, avril 1897.

$$(21)\quad M\frac{d^2S}{dt^2}+R\frac{dS}{dt}+KS=F=F_0\sin(\omega t-\varphi).$$

L'intégrale de l'équation privée de second membre s'écrira, en posant :

$$\alpha=\frac{R}{2M}\qquad \text{et}\qquad \Omega=\sqrt{\frac{4KM-R^2}{4M^2}}$$

$$S=Ae^{-\alpha t}\sin(\Omega t-\Phi).$$

Soit :

$$S=S_0\sin(\omega t-\psi)$$

une solution de l'équation complète. On en tire :

$$\frac{dS}{dt}=\omega S_0\cos(\omega t-\psi)$$

$$\frac{d^2S}{dt^2}=-\omega^2S_0\sin(\omega t-\psi),$$

et l'on devra avoir identiquement :

$$-M\omega^2S_0\sin(\omega t-\psi)+R\omega S_0\cos(\omega t-\psi)+KS_0\sin(\omega t-\psi)$$
$$=F_0\sin(\omega t-\varphi),$$

soit, en ordonnant par rapport à $\sin\omega t$ et $\cos\omega t$:

$$\sin\omega t\{S_0[(K-M\omega^2)\cos\psi+R\omega\sin\psi]-F\cos\varphi\}$$
$$+\cos\omega t\{S_0[-(K-M\omega^2)\sin\psi+R\omega\cos\psi]+F\sin\varphi\}=0.$$

L'équation devant être vérifiée quelle que soit la valeur de t, on en déduit :

$$S_0[(K-M\omega^2)\cos\psi+R\omega\sin\psi]=F\cos\varphi$$
$$S_0[-(K-M\omega^2)\sin\psi+R\omega\cos\psi]=-F\sin\varphi.$$

Etant données d'autre part les relations :

$$\alpha = \frac{R}{2M}, \qquad \Omega^2 = \frac{K}{M} - \left(\frac{R}{2M}\right)^2.$$

on en tire :

$$K - M\omega^2 = M\left(\frac{K}{M} - \omega^2\right) = M[(\Omega^2 - \omega^2) + \alpha^2],$$

et :

$$R\omega = M\frac{R\omega}{M} = 2\alpha\omega M,$$

Portant ces valeurs dans les équations précédentes, celles-ci deviennent :

$$MS_0\{[(\Omega^2 - \omega^2) + \alpha^2]\cos\psi + 2\alpha\omega\sin\psi\} = F\cos\varphi$$
$$MS_0\{[(\Omega^2 - \omega^2) + \alpha^2]\sin\psi - 2\alpha\omega\cos\psi\} = F\sin\varphi.$$

Élevant au carré et faisant la somme des deux membres, il vient :

$$M^2S_0^2\{[(\Omega^2 - \omega^2) + \alpha^2]^2 + 4\alpha^2\omega^2\} = F^2.$$

d'où, comme valeur de l'élongation maxima :

(22) $$S_0 = \frac{F}{M\sqrt{[(\Omega^2 - \omega^2) + \alpha^2]^2 + 4\alpha^2\omega^2}}.$$

L'intégrale générale de l'équation (21) sera donc :

(23) $$S = Ae^{-\alpha t}\sin(\Omega t - \Phi) + \frac{F}{M\sqrt{[(\Omega^2 - \omega^2) + \alpha^2]^2 + 4\alpha^2\omega^2}}\sin(\omega t - \varphi).$$

11. On voit que le mouvement résultant sera la superposition de deux mouvements pendulaires. Mais il y a lieu de remarquer que l'amplitude du premier est fonction du temps, et décroît rapidement avec t, tant que R est $\neq o$; au contraire, l'ampli-

tude du second est indépendante de t. Il est donc évident que le second mouvement finira par imposer sa période, qui est celle de la force extérieure, et ce, *quelque différente que soit la période propre du système.*

L'équation du mouvement, une fois le régime permanent établi, sera donc :

$$(24) \quad S = \frac{F}{M\sqrt{[(\Omega^2 - \omega^2) + \alpha^2]^2 + 4\alpha^2\omega^2}} \sin(\omega t - \varphi),$$

soit, en remplaçant α par sa valeur $\frac{R}{2M}$:

$$(25) \quad S = \frac{F}{M\sqrt{\left[(\Omega^2 - \omega^2) + \frac{R^2}{4M^2}\right]^2 + \frac{R^2}{M^2}\omega^2}} \sin(\omega t - \varphi).$$

12. — ***Amplitude maxima.*** — L'amplitude sera maxima pour :

$$(\Omega^2 - \omega^2) + \frac{R^2}{4M^2} = 0,$$

soit, en remplaçant Ω^2 par sa valeur $\Omega^2 = \frac{K}{M} - \left(\frac{R}{2M}\right)^2$:

$$\omega^2 - \frac{K}{M} = 0;$$

d'où :

$$(26) \quad \omega = \sqrt{\frac{K}{M}}$$

et ;

$$(27) \quad T = 2\pi\sqrt{\frac{M}{K}};$$

c'est la période d'oscillation propre du système

dépourvu d'amortissement, c'est-à-dire *libre de se mouvoir dans un milieu sans résistance* (par. 4, relation 8).

13. — ***Action de la force élastique KS.*** — Supposons que le système ne comporte que son inertie M et soit dépourvu de la force KS.

L'équation (22) peut s'écrire, en remplaçant Ω^2 par sa valeur $\frac{K}{M} - \frac{R^2}{4M^2}$:

$$S_0 = \frac{F}{\sqrt{(M\omega^2 - K)^2 + R^2\omega^2}}.$$

En faisant $K = o$, on aura une nouvelle valeur S_0' de l'élongation maxima

$$S_0' = \frac{F}{\sqrt{M^2\omega^4 + R^2\omega^2}}.$$

La différence des dénominateurs de ces deux expressions est égale à $K(2M\omega^2 - K)$:

Pour : $2M\omega^2 > K$, le mouvement sera amplifié par la force élastique ;

Pour : $2M\omega^2 = K$, l'amplitude restera la même ;

Pour : $2M\omega^2 < K$, l'amplitude sera moins grande.

14. On peut donner une représentation mécanique de ces résultats. Considérons le cercle ayant pour rayon S_0' et la sinusoïde dont l'équation est :

$$S = S_0' \sin(\omega t - \varphi.$$

Supposons qu'un mobile de masse 2M, relié au centre par un fil inextensible, décrive la circonférence avec la vitesse ω. L'amplitude maxima de la sinusoïde sera constante et égale à S_0', rayon du cercle décrit.

Substituons maintenant au fil inextensible un ressort développant une réaction égale à K kilogrammes par unité d'allongement. La force agissant sur le mobile sera dès lors :

$$2M\omega^2 S - KS = S(2M\omega^2 - K).$$

Pour $2M\omega^2 > K$, l'action de la force centrifuge sera prédominante : le ressort s'allongera, et, le rayon du cercle augmentant, il en sera de même pour l'amplitude de la sinusoïde.

Pour $2M\omega^2 = K$, le mobile sera en équilibre quel que soit le rayon du cercle décrit ; l'amplitude n'aura donc pas tendance à varier.

Pour $2M\omega^2 < K$, l'action du ressort étant prédominante, le rayon décrit et l'amplitude de la sinusoïde seront moins grands que dans le premier cas.

CHAPITRE II

CIRCUITS ÉLECTRIQUES

15. Considérons le circuit JcS comprenant en série un condensateur de capacité C et une self-induction S de coefficient L. Un commutateur J permet, soit d'intercaler dans le circuit une f. e. m. continue E_0, soit de le fermer sur lui-même (Fig. 1).

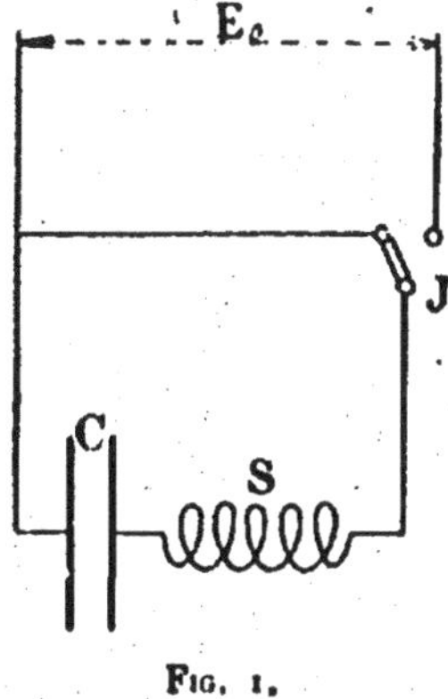

Fig. 1.

Supposons faite la première manœuvre, et soit Q_0 la charge du condensateur une fois le régime établi. Fermons maintenant le circuit sur lui-même, en le séparant *instantanément* de la source extérieure d'énergie. A la charge Q_0 correspond, entre les armatures du condensateur, une différence de potentiel V_0 telle que :

$$V_0 = \frac{1}{C} Q_0.$$

Aussitôt la fermeture effectuée, V_0 agira comme f. e. m. dans le circuit, lequel deviendra le siège d'un courant d'intensité i variable en fonction du temps.

16. — Supposons d'abord nulle la résistance ohmique du circuit. Son énergie totale qui, à l'instant de la fermeture, était à l'état potentiel et numériquement égale à $\frac{1}{2}\frac{Q_0^2}{C}$, sera à un instant quelconque t la somme :

1° D'une quantité W_p d'énergie potentielle, déterminée par son état de charge Q, et égale à $\frac{1}{2}\frac{Q^2}{C}$;

2° D'une quantité W_a d'énergie actuelle, correspondant à la valeur i de l'intensité du courant au même instant, et égale à $\frac{1}{2} Li^2$.

La somme :

$$W = W_p + W_a = \frac{1}{2}\left(\frac{Q^2}{C} + Li^2\right)$$

est, en vertu du principe de la conservation de l'énergie, constante, et égale à $\frac{1}{2}\frac{Q_0^2}{C}$, valeur de l'énergie potentielle initiale; écrivant donc que sa variation, pendant le temps dt est nulle, on aura :

$$\frac{1}{C} QdQ + Lidi = 0,$$

soit, en tenant compte de la relation :

$$i = \frac{dQ}{dt},$$

$$\frac{1}{C} Q dQ + L \frac{dQ}{dt} \cdot \frac{d^2Q}{dt^2} dt = 0,$$

soit enfin :

$$(28) \qquad L \frac{d^2Q}{dt^2} = -\frac{1}{C} Q.$$

On voit que les équations différentielles qui déterminent en fonction du temps, soit (28) l'état de *charge* du système électrique, soit (5) l'état de *position* du mobile oscillant (par. 2), sont absolument identiques comme forme.

Si l'on prend pour origine des temps l'instant de la fermeture du circuit sur lui-même, on déduira de l'équation (28) :

$$Q = Q_0 \cos \sqrt{LC}.t.$$

L'état de charge sera donc oscillant, et la période de l'oscillation sera :

$$(29) \qquad T = 2\pi\sqrt{LC},$$

soit, pour valeur du facteur de fréquence Ω :

$$(30) \qquad \Omega = \frac{1}{\sqrt{LC}}.$$

Comme d'ailleurs, dans les conditions idéales où nous nous sommes placés en supposant $R = 0$, le système ne cède aucune énergie au milieu ambiant, la durée des oscillations sera indéfinie : la charge repassant périodiquement par la même valeur Q_0 de son amplitude maxima.

Le phénomène présente donc tous les caractères du mouvement oscillatoire étudié au début du chapitre I.

17. — *Influence de la résistance du conducteur.* — Si faible que puisse être rendue la résistance ohmique R du circuit, elle ne saurait toutefois être pratiquement nulle : d'où il résulte que, dans chaque intervalle de temps dt, une fraction Ri^2dt de l'énergie sera distraite du système et dissipée extérieurement sous forme de chaleur. L'énergie totale, à un instant quelconque t, sera donc la somme des deux termes ci-dessus, plus un troisième terme représentant la quantité de chaleur produite par effet Joule(1) depuis l'origine.

L'équation de l'énergie sera par suite :

$$W = \frac{1}{2} Li^2 + \int_0^t Ri^2 dt + \frac{1}{2} \frac{Q^2}{C} = \frac{1}{2} \frac{Q_0^2}{C},$$

Écrivant que la variation de cette énergie dans le temps dt est nulle, on aura :

$$Li di + Ri^2 dt + \frac{1}{C} Q dQ = 0,$$

ou :

$$L \frac{dQ}{dt} \cdot \frac{d^2Q}{dt^2} dt + R \left(\frac{dQ}{dt}\right)^2 dt + \frac{1}{C} Q dQ = 0,$$

soit enfin :

$$L \frac{d^2Q}{dt^2} + R \frac{dQ}{dt} + \frac{1}{C} Q = 0. \tag{31}$$

(1) Ou, plus généralement, par l'effet total des actions parasites (hystérésis, courants de Foucault, effet Joule, etc.)

Appliquant à cette équation les résultats trouvés pour l'équation de même forme (15), nous en déduirons que :

1° Pour $R^2 < 4\frac{L}{C}$, l'intégrale étant :

$$(32) \qquad Q = Q_0 e^{-\frac{R}{2L}t} \sin\left(\frac{\sqrt{4\frac{L}{C} - R^2}}{2L} t - \Phi\right),$$

le régime de charge sera oscillant, avec une amplitude maxima décroissant et tendant vers o en fonction du temps.

La période d'oscillation sera :

$$(33) \qquad \Theta = \frac{2\pi}{\sqrt{\frac{1}{CL} - \frac{R^2}{4L^2}}},$$

soit, pour le facteur de fréquence :

$$(34) \qquad \Omega = \sqrt{\frac{1}{CL} - \frac{R^2}{4L^2}}.$$

2° Pour $R^2 \geqslant 4\frac{L}{C}$, la charge décroîtra progressivement jusqu'à o, sans osciller de part et d'autre de cette valeur. On vérifierait comme précédemment (§ 9) que la totalité de l'énergie initiale $\frac{1}{2}\frac{Q_0^2}{C}$ a été transformée en chaleur dans le temps qui s'est écoulé depuis la fermeture du circuit jusqu'à l'instant où la valeur o a été atteinte par la charge.

18. On voit en résumé que, au point de vue qui nous occupe, l'identité la plus complète existe entre, d'une part, un circuit électrique comportant en série

un condensateur et une self-induction ; et, d'autre part, le système matériel constitué par un mobile oscillant de part et d'autre d'une position d'équilibre.

A l'état de position du système mécanique, caractérisé à chaque instant par la valeur S de l'élongation, correspond pour le système électrique un état de charge Q. Dans le premier cas, le taux de variation $\frac{dS}{dt}$ de l'état de position est la vitesse v du mobile ; dans le second, le taux de variation $\frac{dQ}{dt}$ de l'état de charge est l'intensité du courant dans le circuit fermé.

La self-induction, définie par le facteur L, correspond à l'inertie mécanique, définie par le facteur M ; elle tend, comme celle-ci, à s'opposer aux variations de régime. La différence de potentiel, aux bornes du condensateur, égale à $\frac{1}{C}$ Q, agit pour annuler l'énergie potentielle du système et le ramener à un état d'équilibre stable ; son rôle est donc analogue à celui de la force KS, le facteur $\frac{1}{C}$ correspondant au facteur K. Enfin, le facteur R représente, dans l'un et l'autre cas, la résistance spécifique du milieu ; la réaction qu'oppose ce milieu au déplacement étant proportionnelle à la vitesse $\frac{dS}{dt}$ du mobile, ou à l'intensité $\frac{dQ}{dt}$ du courant.

De même qu'il a fallu, pour écarter de sa position d'équilibre et amener en S_0 le mobile, l'intervention d'une force extérieure développant un travail égal à la quantité $\frac{1}{2}KS_0^2$ d'énergie potentielle accumulée dans le système, laquelle s'est trouvée disponible une fois celui-ci abandonné à lui-même ; de même, il a été nécessaire de disposer d'une source extérieure d'énergie électrique pour charger le condensateur et transmettre ainsi au circuit la quantité $\frac{1}{2}\frac{Q_0^2}{C}$ d'énergie potentielle, correspondant à la valeur V_0 du potentiel initial.

19. Nous avons vu que le fait pour un circuit de comporter un condensateur et une S. *i.* en série ne constituait pas une condition suffisante pour que la décharge fût oscillante : car, à partir d'une certaine valeur de la résistance ohmique en circuit, et à fortiori pour toutes les valeurs plus grandes, l'état de charge ne dépassait pas la valeur o.

Mais cette condition est nécessaire, ainsi que l'a démontré M. Pomey (*Éclairage électrique*, t. XXXI, p. 197 et suivantes).

Nous retrouvons ainsi, dans ce cas particulier, les deux facteurs : force électrique (correspondant ici à la tension du diélectrique), et inertie (réaction du champ créé par le courant), dont la coexistence a été signalée au § 1 comme caractérisant tout mouvement oscillatoire.

20. Pratiquement, un circuit peut n'être pas coupé par un condensateur, de même qu'un système en mouvement peut ne pas comporter de force élastique qui tende à le ramener et à le maintenir dans une position d'équilibre. Mais on ne saurait concevoir un circuit dénué de self-induction, pas plus qu'un système matériel dénué d'inertie : car tout circuit fermé délimite une surface qui ne saurait en aucun cas être rendue rigoureusement nulle. C'est pour

cette raison que les décharges à haute fréquence des condensateurs se trouvent être naturellement oscillantes, sans qu'il soit nécessaire d'adjoindre au circuit une bobine de self.

21. ***Équations de la différence de potentiel entre les armatures du condensateur, et de l'intensité du courant dans le circuit.*** — Si, dans l'équation différentielle (31) :

$$L\frac{d^2Q}{dt^2}+R\frac{dQ}{dt}+\frac{1}{C}Q=0,$$

on remplace Q par sa valeur tirée des relations :

$$Q=CV$$

et :

$$dQ=idt \qquad \text{d'où} \qquad Q=\int idt$$

on obtient :

Dans le premier cas :

$$L\frac{d^2V}{dt^2}+R\frac{dV}{dt}+\frac{1}{C}V=0 \tag{35}$$

et dans le second :

$$L\frac{di}{dt}+Ri+\frac{1}{C}\int idt=0,$$

d'où, en différentiant :

$$L\frac{d^2i}{dt^2}+R\frac{di}{dt}+\frac{1}{C}i=0. \tag{36}$$

La différence de potentiel aux bornes du condensateur, et l'intensité du courant dans le circuit suivent donc la même loi de variation périodique que la charge Q.

On déduit des équations ci-dessus, toujours dans l'hypothèse de $R^2 < 4\frac{L}{C}$:

$$(37) \qquad V = V_0 e^{-\frac{R}{2L}t} \sin\left(\frac{\sqrt{4\frac{L}{C} - R^2}}{2L} t - \varphi'\right),$$

$$(38) \qquad i = i_0 e^{-\frac{R}{2L}t} \sin\left(\frac{\sqrt{4\frac{L}{C} - R^2}}{2L} t - \varphi''\right),$$

la fréquence, dans les deux cas, étant donnée par la relation (34) :

$$\Omega = \sqrt{\frac{1}{CL} - \frac{R^2}{4L^2}}.$$

22. ***Cas où le circuit est aux bornes d'une F. e. m. périodique.*** — Étant démontré que, dans un circuit comportant une *s. i.* et un condensateur en série, le courant qui prend naissance lorsqu'on ferme le circuit sur lui-même après avoir chargé le condensateur est naturellement périodique — autrement dit, que tout se passe alors comme s'il demeurait le siège d'une *f. e. m.* alternative d'amplitude maxima décroissant en fonction du temps — que se passera-t-il si l'on maintient aux bornes d'un semblable circuit la *f. e. m.* alternative engendrée par une source extérieure d'énergie, telle qu'un alternateur ou un transformateur ?

Nous supposerons ici que la *f. e. m.* appliquée est sinusoïdale : soit :

$$E = E_0 \sin(\omega t - \varphi).$$

L'équation de la variation d'énergie dans le temps dt sera :

$$Lidi + Ri^2dt + \frac{1}{C} QdQ = Eidt,$$

soit :

$$L\frac{di}{dt} + Ri + \frac{1}{C}\int idt = E = E_0 \sin(\omega t - \varphi),$$

d'où :

$$(39) \qquad L\frac{d^2i}{dt^2} + R\frac{di}{dt} + \frac{1}{C}i = \omega E_0 \cos(\omega t - \varphi).$$

On en déduit (voir § 10) :

$$(40) \quad i = i_0 e^{-\frac{R}{2L}t} \sin(\Omega t - \Phi) + \frac{\omega E_0 \cos(\omega t - \varphi)}{L\sqrt{\left[(\Omega^2 - \omega^2) + \frac{R^2}{4L^2}\right]^2 + \frac{R^2}{L^2}\omega^2}}$$

(voir § 10, relation 23),
avec (34) :

$$\Omega^2 = \frac{1}{LC} - \frac{R^2}{4L^2}.$$

23. On voit que le courant total dont le circuit est le siège peut être considéré — tout au moins pendant les premiers instants qui suivent l'introduction de la *f. e. m.* E — comme résultant de la superposition de deux courants : l'un, I, dû à la *f. e. m.* E agissant aux bornes d'un circuit d'impédance $\mathfrak{R}$, telle que :

$$\mathfrak{R} = \frac{L}{\omega}\sqrt{\left[(\Omega^2 - \omega^2) + \frac{R^2}{4L^2}\right]^2 + \frac{R^2}{L^2}\omega^2},$$

ce qui peut encore s'écrire, en remplaçant Ω^2 par sa valeur ci-dessus :

$$\mathcal{R} = \sqrt{R^2 + \left(\omega L - \frac{1}{\omega C}\right)^2},$$

l'autre, i', qui est le courant, de période $\Theta = \frac{\Omega}{2\pi}$, dont le circuit serait le siège si on le fermait sur lui-même à l'instant où l'intensité du courant fourni par la source possède la valeur i_0.

L'intensité de ce dernier courant :

$$i' = i_0 e^{-\frac{R}{2L}t} \sin(\Omega t - \Phi)$$

décroît en fonction de t et tend vers o. Au bout d'une durée variable avec la valeur du coefficient $\frac{R}{2L}$, le premier terme du second membre de l'équation (40) sera donc nul, et la valeur du courant dans le circuit se réduisant dès lors à l'intensité I, sa période sera celle de la f. e. m. aux bornes, soit $T = \frac{2\pi}{\omega}$.

Dans les conditions ordinaires de la pratique, cette durée est extrêmement courte : car la grandeur numérique du facteur R est énorme, comparativement à celle du facteur L. Ce fait va nous permettre d'expliquer une anomalie apparente par laquelle la résonance électrique semble différer de la résonance acoustique, alors que les deux phénomènes ont, en réalité, même nature.

24. ***Résonance électrique. Identité de nature avec la résonance acoustique.*** — L'équation (40) réduite à son second terme une fois le régime permanent établi, donne pour valeur I_0 de l'amplitude maxima :

$$(41) \qquad I_0 = \frac{\omega E_0}{L\sqrt{\left[(\Omega^2 - \omega^2) + \frac{R^2}{4L^2}\right]^2 + \frac{R^2}{L^2}\omega^2}}.$$

Pour un circuit donné, possédant une période d'oscillation propre $\Theta = \frac{2\pi}{\Omega}$, la grandeur de I_0 variera en fonction de la période $T = \frac{2\pi}{\omega}$ de la source.

Cette grandeur sera maxima pour :

$$\Omega^2 - \omega^2 + \frac{R^2}{4L^2} = 0,$$

soit, pour :

$$\frac{1}{LC} - \frac{R^2}{4L^2} = \omega^2 - \frac{R^2}{4L^2},$$

ce qui revient à la condition :

$$\omega^2 LC = 1$$

ou

$$T = 2\pi\sqrt{LC}.$$

Cette valeur est précisément celle (§ 16, (29) de la période d'oscillation propre du circuit *dénué de résistance ohmique*.

Or, il convient de noter que, dans le cas présent, l'énergie absorbée par effet Joule dans les conducteurs, au lieu d'être empruntée à l'énergie intrinsèque du circuit comme dans le cas où celui-ci était fermé sur lui-même, est constamment récupérée par emprunts faits à la source extérieure. Tout se passe donc, au point de vue des conditions dans lesquelles s'effectue l'oscillation du système, comme si celui-ci comportait seulement une *s. i.* et une capacité reliées par un conducteur de résistance nulle.

La période d'oscillation propre sera dès lors :

$$\Theta = 2\pi\sqrt{LC}.$$

et la condition ci-dessus revient à :

$$T \text{ (période de la source)}, = \Theta \text{ (période du circuit)}.$$

C'est la condition de *résonance* générale, applicable à tous les systèmes oscillants soumis à une action extérieure de forme périodique, quelle que soit d'ailleurs la constitution physique du système considéré.

L'équation (41) peut s'écrire, en substituant à Ω^2 sa valeur :

$$\Omega^2 = \frac{1}{LC} - \frac{R^2}{4L^2},$$

$$I_0 = \frac{\omega E_0}{L\sqrt{\left(\frac{1}{LC} - \omega^2\right)^2 + \frac{R^2}{L^2}\omega^2}},$$

et comme :

$$\frac{1}{LC} = \frac{4\pi^2}{\Theta^2}$$

et :

$$\omega^2 = \frac{4\pi^2}{T^2},$$

$$I_0 = \frac{E_0}{\sqrt{\omega^2 L^2 \left(\frac{1}{\Theta^2} - \frac{1}{T^2}\right)^2 + R^2}}. \tag{42}$$

On voit que si, partant d'une valeur T_0 très différente de Θ, on fait varier la période de la source depuis T_0 jusqu'à Θ, l'amplitude I_0 ira en croissant progressivement jusqu'à sa valeur maxima :

$$I_0 = \frac{E_0}{R}$$

correspondant à la résonance proprement dite. La

variation sera d'ailleurs d'autant moins brusque que le facteur R sera plus grand.

Depuis la valeur initiale de l'intensité jusqu'à ce maximum, le renforcement est donc continu : il a lieu dès que l'on passe d'une valeur quelconque T de la période de la source à une autre T′ plus voisine de Θ, si différente qu'elle puisse en être encore.

La résonance peut de la sorte être considérée comme *partielle* à tous les degrés : tandis que nous savons que le renforcement d'une vibration sonore ne semble se produire que dans le cas de la résonance parfaite.

Mais la loi de variation ci-dessus est subordonnée à l'hypothèse de l'équation (40) réduite à son second terme : c'est-à-dire au cas où le coefficient d'amortissement $\frac{R}{2L}$ est suffisamment grand pour que la tendance du système à vibrer suivant sa période propre Θ ne subsiste que pendant un temps extrêmement court (§ 23). Dans l'état de régime où nous le considérons, le système a pris, par synchronisation, la période de la source (1): il résonne donc réellement, quelle que soit la valeur de Θ, mais en amplifiant d'autant plus la vibration de la source que T se rapproche davantage de Θ.

Supposons au contraire que le coefficient d'amortissement $\frac{R}{2L}$ ait une valeur presque nulle. Le terme :

$$i' = i_0 e^{-\frac{R}{2L}t} \sin(\Omega t - \Phi)$$

aura dès lors une valeur très voisine de :

$$i' = i_0 \sin(\Omega t - \Phi)$$

(1) Voir : « La synchronisation électromagnétique » par M. Cornu.

caractérisée par la constance de l'amplitude maxima en fonction du temps. Le système opposera à l'action de la source extérieure, de période T, sa tendance à vibrer suivant sa période propre $\Theta = \frac{2\pi}{\Omega}$: et, pour une valeur de L suffisamment grande, l'inertie résultante limitera l'intensité du courant à une valeur très faible, tant que les facteurs Ω et ω seront différents.

Par contre, si ces facteurs deviennent égaux, la synchronisation des courants i' et I, jointe à l'accroissement d'amplitude qui résulte, pour I, de la valeur très grande $\frac{E_0}{R}$ que prend dès lors son expression algébrique, détermineront un accroissement très grand, et presque instantané, de l'intensité résultante.

Cette condition qui, par suite des valeurs que possède effectivement dans la pratique le coefficient $\frac{R}{2L}$, ne peut être envisagée que comme possibilité théorique dans le cas des circuits électriques, est précisément celle qui régit la résonance d'un corps sonore.

Par définition même, un son n'est autre chose qu'une vibration prolongée, tandis que le bruit est le résultat d'une vibration presque instantanément amortie. Le caractère fondamental de tout système susceptible d'émettre, par lui-même, un son, sera donc la petitesse de son coefficient d'amortissement $\frac{R}{2M}$: le phénomène de résonance, déterminé par la synchronisation de l'onde sonore et de l'organe vibrant, sera dès lors extrêmement net.

Ce sera le cas du diapason, de la corde tendue, de

la cloche, et notamment du résonateur, ou analyseur d'Helmholtz. Tous ces organes, surtout le dernier, possèdent un coefficient d'amortissement très faible, relativement à leur inertie propre.

Mais si l'on vient à leur adjoindre des amortisseurs, le phénomène changera d'allure. Tout en demeurant maximum pour la note correspondant à la période propre du résonateur, le renforcement cessera de paraître strictement limité à cette note ; il s'étendra aux notes voisines qui détermineront par résonance des vibrations d'amplitude décroissant en fonction de l'écart entre les deux périodes, jusqu'à devenir tout à fait inappréciables. Et l'échelle des sons susceptibles d'être ainsi amplifiés à des degrés divers par un même résonateur sera d'autant plus étendue que l'amortissement sera lui-même plus énergique, en même temps que diminuera la différence entre les degrés de renforcement de deux notes voisines. La résonance parfaite présentera ainsi un caractère de netteté beaucoup moins franc que dans le premier cas, parce que la loi de variation sera plus progressive ; et l'on pourra ainsi mettre en évidence la parfaite identité de nature des deux phénomènes, acoustique et électrique : la *différence que présentent leurs manifestations respectives provenant uniquement de ce fait que, dans les conditions de la pratique expérimentale, l'amortissement est en général très faible dans le premier cas, très énergique dans le second.*

Voici encore une question que l'on peut se poser. On sait qu'un tuyau d'orgue, ou d'un instrument à vent quelconque, peut faire résonner, en même temps que la note fondamentale qui correspond à sa longueur, toutes les harmoniques de celle-ci, en restant muet pour les notes intermédiaires. Il y a donc là un nouvel élément, sinon de discontinuité, tout au moins de variation brusque, que nous ne retrouvons pas dans les résultats de l'étude précédente : la relation (42) montre en effet que l'intensité I_0 ne varie pas brusquement lorsque T passe par les valeurs $\frac{1}{2}\Theta$, $\frac{1}{3}\Theta$, etc... $\frac{1}{n}\Theta$. Or, ceci résulte de ce que l'établissement de cette relation repose sur l'hypothèse suivante, qui sert d'ailleurs de base à toute cette étude : il a été implicitement admis que le circuit était assez court pour que la valeur du potentiel fût, au même instant, la même en tous ses points. Autrement dit, sa longueur a été considérée comme négligeable vis-à-vis de la longueur d'onde du courant : cette hypothèse étant pratiquement justifiée par ce fait que les longueurs d'onde correspondant aux fréquences en usage sont de l'ordre de grandeur de plusieurs centaines de kilomètres. Dans ces conditions, le renforcement ne saurait présenter qu'un maximum. Au contraire, la longueur d'un tuyau peut être égale à plusieurs longueurs d'onde : soit à un nombre impair de un quart de longueur d'onde si le tuyau est fermé, et à un nombre pair de demi longueurs d'onde, s'il est ouvert. Dans le premier cas, il fera résonner les harmoniques impaires; et, dans le second, toute la série des harmoniques successives.

La théorie précédente doit donc être considérée comme restreinte à un cas particulier, lequel, à vrai dire, est actuellement le seul en rapport avec les conditions de la pratique courante; mais elle se trouverait en défaut dans le cas où il s'agirait de réseaux notablement plus étendus.

25. Nous avons trouvé précédemment (voir § 13,

chap. 1) que lorsqu'une force périodique détermine le mouvement d'un système matériel doué seulement d'inertie, l'amplitude du mouvement, après adjonction d'une force intérieure KS proportionnelle à l'élongation instantanée du mobile, se trouvera accrue dans le cas de $2M\omega^2 > K$; elle restera constante pour $2M\omega^2 = K$ et deviendra plus faible pour $2M\omega^2 < K$.

L'identité des équations doit nous conduire, dans le cas des circuits électriques, à un résultat analogue. Nous dirons donc que l'adjonction d'un condensateur dans un circuit constitué primitivement par une self-induction et une résistance ohmique aura pour effet :

1° Si $2L\omega^2 > \frac{1}{C}$, d'accroître l'intensité du courant dans le circuit ;

2° Si $2L\omega^2 = \frac{1}{C}$, de lui laisser sa valeur primitive ;

3° Si $2L\omega^2 < \frac{1}{C}$, de la diminuer.

Le procédé graphique permet de vérifier très simplement ces résultats :

Soit, dans le circuit primitif, $OA = Ri$ (fig. 2) la perte de charge ohmique, et $AB = \omega Li$ la *f. e. m.* de *s. i.*, donnant comme vecteur résultant la *f. e. m.* $E = OB$ appliquée aux bornes.

L'introduction dans le circuit d'un condensateur de capacité C aura pour effet de nécessiter, pour le maintien de l'intensité précédente *i*, une *f. e. m.* Ob obtenue, comme le montre le diagramme ci-contre, en retranchant du vecteur $AB = \omega Li$ le vecteur $Bb = \frac{1}{\omega C}$.

On voit immédiatement que, pour toute valeur de C telle que $Bb < BB'$ (obtenue en prolongeant d'une longueur égale la ligne BA au delà du point A), la *f. e. m.* nécessaire aura une valeur inférieure à sa valeur primitive : ce qui revient à considérer que, si

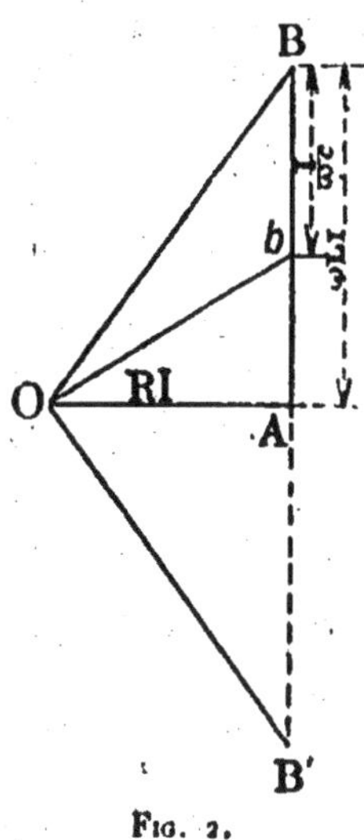

Fig. 2.

on l'avait maintenue constante, l'intensité du courant se serait trouvée accrue.

Or:
$$Bb = \frac{i}{\omega C},$$
$$BB' = 2\omega Li,$$

la condition ci-dessus revient donc à :

$$\frac{i}{\omega C} < 2\omega Li,$$

$$2L\omega^2 > \frac{1}{C}.$$

Pour $Bb = BB'$, soit pour :

$$2L\omega^2 = \frac{1}{C},$$

la *f. e. m.* OB′ est numériquement égale à la *f. e. m.* primitive OB ; l'intensité ne varierait donc pas.

Enfin, pour $Bb > BB'$, soit pour :

$$2L\omega^2 < \frac{1}{C},$$

la *f. e. m.* devrait être plus grande.

26. ***Différence de potentiel aux bornes du condensateur.*** — L'équation de la variation d'énergie dans le temps dt (§ 22) peut s'écrire :

$$L\frac{dQ}{dt}\frac{d^2Q}{dt^2}dt + R\left(\frac{dQ}{dt}\right)^2 dt + \frac{1}{C}QdQ = EdQ,$$

ou :

$$L\frac{d^2Q}{dt^2} + R\frac{dQ}{dt} + \frac{1}{C}Q = E,$$

soit, en substituant à Q sa valeur en fonction de V, différence de potentiel entre les armatures :

$$L\frac{d^2V}{dt^2} + R\frac{dV}{dt} + \frac{1}{C}V = \frac{E}{C},$$

d'où l'on tire :

$$(43)\quad V = V_0 e^{-\frac{R}{2L}t}\sin(\Omega t - \psi) + \frac{E_0 \sin(\omega t - \varphi)}{LC\sqrt{\left[(\Omega^2 - \omega^2) + \frac{R^2}{4L^2}\right]^2 + \frac{R^2\omega^2}{L^2}}}.$$

Tout ce qui précède, relativement au renforcement de l'intensité, s'applique ici au facteur V. Sa valeur ira en croissant au fur et à mesure que la période de la source se rapprochera de celle du circuit ; et son maximum sera donné par la condition de résonance parfaite :

$$T = \Theta = 2\pi\sqrt{CL},$$

ou :

$$\omega^2 CL = 1$$

pour laquelle on aura :

$$V_{max.} = \frac{E_0}{R\omega C}.$$

Étant données, comme constantes, la *f. e. m.* aux bornes du circuit, sa résistance ohmique, et la fréquence de la source, on voit que la valeur de $V_{max.}$, uniquement déterminée par la capacité du condensateur et inversement proportionnelle à celle-ci, pourra, en cas de résonance, être absolument quelconque, et notamment se trouver très supérieure à celle de E_0.

27. ***Circuits en dérivation sur les bornes d'une f. e. m. sinusoïdale.*** — L'énergie totale W mise en jeu dans un réseau comprenant *n* dérivations peut, d'une façon générale, s'écrire :

$$(44) \qquad W = \Sigma \frac{1}{2} \frac{Q^2}{C} + \Sigma \frac{1}{2} Li'^2 + \Sigma \int Ri''^2 dt.$$

Considérons le cas de deux dérivations constituées, l'une par un condensateur de capacité C, l'autre par une *s. i.* de coefficient L. Soit W_R l'énergie absorbée par effet Joule : on pourra, dans chacun des circuits *bb'* et *cc'* (fig. 3), faire abstraction de la résistance ohmique des conducteurs, à la condition d'adjoindre aux deux dérivations ci-dessus un troi-

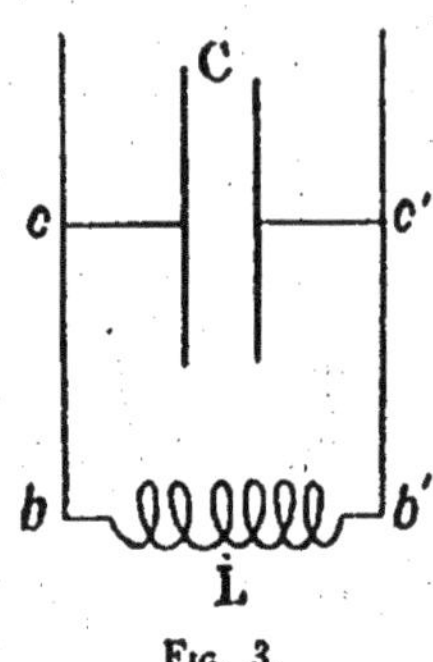

Fig. 3.

sième circuit de résistance R, telle que :

$$Ri''^2 dt = dW_R.$$

28. Plus généralement, W_R pourra représenter la totalité de l'énergie transformée en chaleur, tant par effet Joule que par hystérésis-magnétique et diélec-

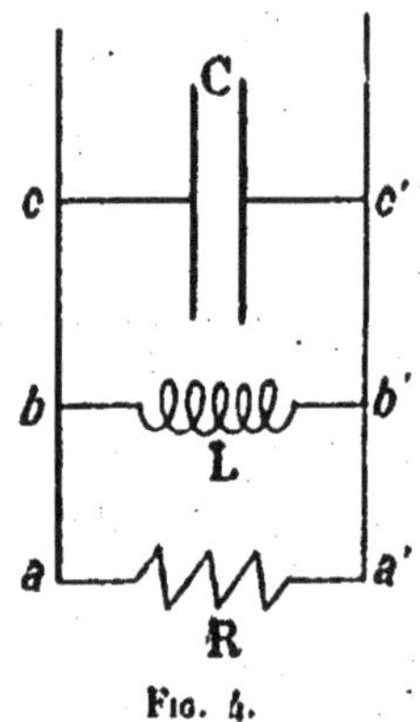

Fig. 4.

trique, courants de Foucault et utilisations diverses (éclairage, travail mécanique, etc.). Nous donnerons à la dérivation R le nom de circuit de travail, et la figure 4 pourra schématiser un nombre de dérivations quelconques, si L est le coefficient de *s. i.* réduite, et C la capacité totale de leur ensemble.

L'équation (44) s'écrira dès lors :

$$(46) \qquad W = \frac{1}{2}\frac{Q^2}{C} + \frac{1}{2}Li'^2 + \int Ri''^2 dt,$$

et la variation, dans le temps dt, de l'énergie en jeu dans le réseau, égale au travail de la génératrice, aura pour expression :

$$(47) \qquad dW = \frac{1}{C}QdQ + Li'di' + Ri''^2 dt.$$

29. — Soit $i = \frac{dQ}{dt}$ le courant de charge du condensateur. Dans le cas général, les intensités i et i'

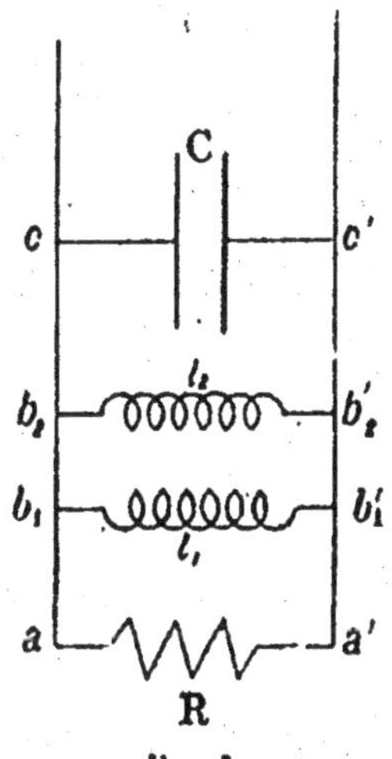

Fig. 5.

seront différentes. Mais substituons au circuit bb' deux dérivations $b_1b'_1$ et $b_2b'_2$ (fig. 5), ayant pour coefficients de *s.i.* l_1 et l_2, tels que :

$$\frac{l_1 l_2}{l_1 + l_2} = L,$$

et admettons que, l'un des coefficients l_1 ou l_2 restant arbitraire, on puisse poser pour l'autre :

$$\omega^2 l_2 C = 1.$$

Cette condition étant remplie, le courant qui traversera la dérivation $b_2 b'_2$ aura la même intensité i que le courant de charge du condensateur. L'équation (44) appliquée au réseau ainsi constitué s'écrira :

$$(48) \qquad W = \frac{1}{2}\frac{Q^2}{C} + \frac{1}{2} l_2 i^2 + \frac{1}{2} l_1 i_1^2 + \int R i''^2 dt,$$

d'où :

$$(49) \qquad dW = \left(\frac{1}{C} Q dQ + l_2 i di\right) + l_1 i_1 di_1 + R i''^2 dt.$$

La somme entre parenthèses aura pour valeur O, car elle représente la variation d'énergie dans un circuit satisfaisant aux conditions du § 16. L'équation précédente se réduisant à :

$$dW = l_1 i_1 di_1 + R i''^2 dt,$$

tout se passera comme si le réseau ne comportait que deux dérivations $b_1 b'_1$ et ad_1. La génératrice aura donc à fournir le courant watté i'' et le courant déwatté par retard de phase i_1 ; le courant total sera en retard de phase sur la différence de potentiel aux bornes du réseau.

30. ***Discussion.*** — Des relations :

$$\frac{l_1 l_2}{l_1 + l_2} = L \qquad \text{et} \qquad l_2 = \frac{1}{\omega^2 C}$$

on déduit :

$$(50) \qquad l_1 = \frac{L}{1 - \omega^2 CL}.$$

Comme la valeur de l_1 doit être positive, il s'ensuit que l'on doit avoir :

$$\omega^2 CL < 1.$$

Telle est la condition autorisant l'hypothèse en vertu de laquelle nous avons pu effectuer le dédoublement de la self L en vue d'annuler, par la *s. i.* de coefficient l_2, l'effet du condensateur dans le réseau.

Pour $\omega^2 CL = 1$, l'équation (47)

$$dW = \frac{1}{C} QdQ + Li'di' + Ri''^2 dt$$

dans laquelle on aura dès lors :

$$i' = \frac{dQ}{dt}$$

se réduira, pour la même raison que ci-dessus, à :

$$dW = Ri''^2 dt.$$

La génératrice n'aura plus à alimenter que le circuit de travail, et tout se passera comme si les deux autres dérivations n'existaient pas. Le courant dans la canalisation principale sera en phase avec la différence de potentiel aux bornes.

Enfin, pour $\omega^2 CL > 1$, la décomposition précédente conduirait à attribuer une valeur négative au coefficient l_1. Mais on pourra substituer au circuit cc' deux dérivations de capacités C_1 et C_2, telles que $C_1 + C_2 = C$, et déterminer C_2 par la relation :

$$\omega^2 LC_2 = 1,$$

ce qui conduira, par répétition de la méthode suivie au § 29, à considérer le réseau comme réduit au circuit de travail et à la dérivation de capacité C_1. Le courant dans la canalisation principale sera en avance de phase sur la différence de potentiel aux bornes.

31. On arriverait aux mêmes résultats par la considération des valeurs efficaces I_s et I_c des intensités déwattées par retard et par avance de phase dans chacune des dérivations *self* et *capacité* du réseau total. Ces intensités, étant décalées de 180° l'une par rapport à l'autre, se retranchent arithmétiquement dans la canalisation principale.

Or, leurs valeurs respectives étant :

$$I_S = \frac{1}{\omega L} V_{eff.},$$

$$I_c = \omega C \,.\, V_{eff.},$$

suivant que l'on aura :

$$I_S > I_c, \quad \text{soit} \quad \frac{1}{\omega L} > \omega C \quad \text{ou} \quad \omega^2 CL < 1,$$

$$I_S = I_c, \quad \frac{1}{\omega L} = \omega C \quad \omega^2 CL = 1,$$

$$I_S < I_c, \quad \frac{1}{\omega L} < \omega C \quad \omega^2 CL > 1,$$

la composante déwattée du courant total sera en phase avec I_s, nulle, ou en phase avec I_c. D'où il résulte que ce courant sera :

Dans le premier cas, en retard de phase sur V, différence de potentiel aux bornes ;

Dans le second, en phase avec V ;

Dans le troisième, en avance de phase sur V.

CHAPITRE III

RÉSONANCES DANS LES RÉSEAUX DE DISTRIBUTION

32. Soient (fig. 6)

G l'induit d'une génératrice représentant l'ensem-

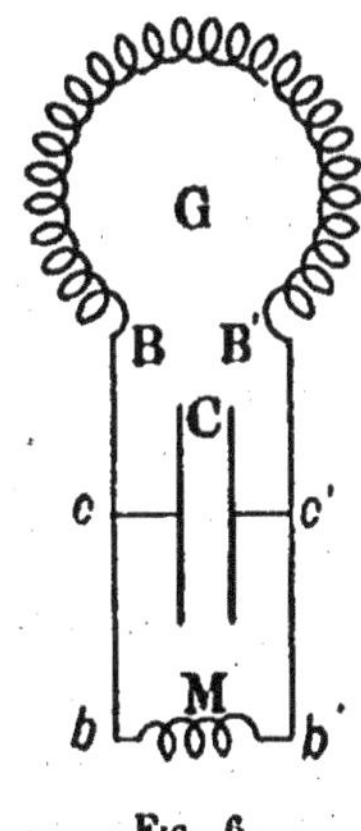

Fig. 6.

ble des alternateurs couplés en parallèle sur les bornes du réseau ;

M un bobinage équivalent à l'ensemble des récepteurs actuellement en fonction (primaires de transformateurs, ou moteurs alimentés directement).

C un condensateur de capacité égale à celle du réseau total.

33. Nous nous occuperons d'abord des conditions propres à la partie extérieure (canalisation et appareils récepteurs), du circuit total, dans l'hypothèse où la différence de potentiel V serait *maintenue constante* aux bornes du réseau, par un réglage des excitations opéré à l'usine centrale.

L'intensité du courant total débité par la génératrice peut être considérée comme étant à chaque instant la somme algébrique des trois intensités :

i_w (courant de travail), en phase avec V ;

i_s (courant déwatté par la self-induction de la ligne et des récepteurs), en retard sur V de un quart de période ;

i_c (courant de charge du condensateur), en avance sur V de un quart de période.

Nous pourrons localiser ces courants dans trois dérivations constituant un ensemble équivalent au réseau donné, savoir :

En R, une résistance ohmique telle que :

$$Ri_w^2 dt = dW,$$

dW représentant l'énergie totale absorbée pendant le temps dt, tant pour les utilisations diverses, travail ou lumière, que par les actions parasites (échauffement des conducteurs, hystérésis, courants de Foucault, etc.). La dérivation *aa'* (fig. 7) constituera donc le circuit de travail proprement dit, siège de la totalité du courant watté fourni par la génératrice ;

En S, une self-induction, de coefficient L, tel que :

$$\frac{V}{\omega L} = i_s,$$

ω étant le facteur de fréquence de la génératrice ;

En C, un condensateur de capacité égale à la capa-

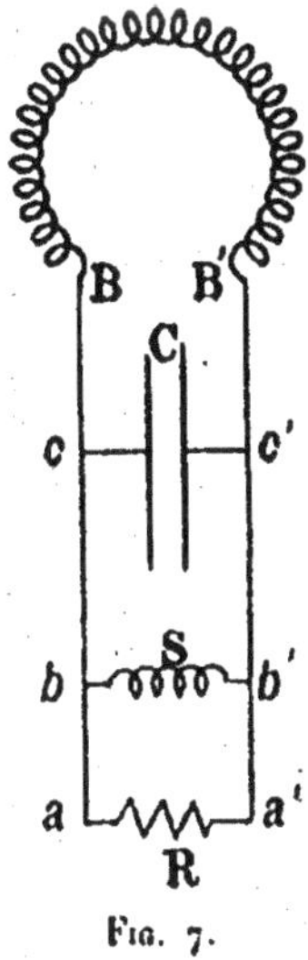

Fig. 7.

cité du réseau, c'est-à-dire telle que :

$$\omega VC = i_c.$$

Nous nous retrouvons ainsi dans les condition étudiées au § 27 du chapitre précédent.

34. ***Premier cas: La f. e. m. V appliquée aux bornes est sinusoïdale.*** — Pour :

$$\omega^2 CL < 1$$

l'ensemble ci-dessus se réduira à la résistance ohmique R et à une *s. i.* de coefficient l_1 : la capacité C et la *s. i.* complémentaire de coefficient l_2, tel que :

$$\frac{l_1 l_2}{l_1 + l_2} = L,$$

annulant réciproquement leurs effets.

Comme d'ailleurs on a $l_1 > L$, le courant déwatté total :

$$i_d = \frac{V}{\omega l_1}$$

aura une valeur moins grande que, si le réseau n'ayant pas de capacité, la dérivation S existait seule. Sa phase sera en retard sur celle de V.

Au fur et à mesure que le produit $\omega^2 LC$ augmente et se rapproche de l'unité, l_1 variant dans le même sens, l'intensité déwattée diminue, et, pour $\omega^2 LC = 1$, l_1 étant égal à l'∞ (relation 50, § 30), tout se passera dès lors comme si la seule dérivation sur les bornes de la génératrice était le circuit de travail R ; les dérivations S et C annulant respectivement leurs effets. Le courant est en phase avec V.

Pour $\omega^2 CL > 1$, l'ensemble se réduit à la résistance ohmique et à une capacité en dérivation, égale à C_1 : la *s. i.* L et la capacité complémentaire C_2, telle que :

$$C_2 + C_1 = C,$$

annulant réciproquement leurs effets.

Comme on a : $C_2 < C$, le courant fourni par la source aura une intensité moins grande que si la dérivation S n'existait pas. La phase sera en avance sur celle de V.

Dans la plupart des applications, l'importance du courant magnétisant pris par les primaires de transformateurs et par les stators de moteurs asynchrones directement branchés sur la canalisation conduit à attribuer à la composante i_s déwattée par retard de phase une valeur bien supérieure à celle du courant de charge i_c déterminé par la capacité de la ligne. Il s'ensuit que la condition $\omega^2 LC < 1$ est presque tou-

jours réalisée en pratique; dès lors, l'effet de la résonance sera de diminuer l'intensité du courant déwatté jusqu'à la limite pour laquelle, la résonance parfaite étant réalisée avec $\omega^2 LC = 1$, la génératrice n'aura plus à fournir au réseau que le courant de travail, quelle que soit l'intensité du courant de magnétisation exigé par le fonctionnement des appareils récepteurs : ce courant se formant dès lors dans le circuit $bcc'b'$ (fig. 7).

D'une manière générale, la réduction, par la capacité de la ligne, du courant déwatté par retard de phase, peut être envisagée comme un cas de résonance normale, se produisant en permanence sur tous les réseaux, quelle que soit leur période d'oscillation propre.

35. ***Deuxième cas : La f. e. m. appliquée aux bornes n'est pas sinusoïdale.*** — L'effet que nous venons de signaler pourra être notablement accru par la présence d'harmoniques dans la *f. e. m.* induite par l'alternateur. Soit :

$$E = E_0 \sin(\omega t - \varphi_0) + \Sigma E_n \sin(n\omega t - \varphi_n)$$

l'expression générale de cette *f. e. m.*

L'harmonique de rang n, agissant aux bornes de la capacité et de la *s. i.*, produira des courants ayant respectivement pour intensités :

$$i_c = n\omega C E_n$$

et

$$i_S = \frac{E_n}{n\omega L}.$$

Ces intensités suivent donc, en fonction du nombre

n, des lois de proportionnalité inverse : la première croissant, la seconde décroissant en fonction de *n*.

Il en résulte que l'effet des harmoniques sera d'accroître le taux du courant déwatté par avance de phase, et par suite, tant que le courant fourni par la source demeurera en retard de phase sur la *f. e. m.* aux bornes du réseau, de diminuer l'intensité totale de ce courant, en lui attribuant un facteur de puissance plus voisin de l'unité que si la *f. e. m.* agissante était simplement sinusoïdale.

36. En résumé, la résonance, restreinte entre certaines limites, d'une part, et d'autre part, la présence d'harmoniques dans la *f. e. m.* de l'alternateur peuvent agir comme correctifs au moins partiels du déwattage. Ce fait méritait d'être signalé, au moins comme circonstance atténuante aux nombreux inconvénients et dangers auxquels expose, ainsi que nous allons maintenant le voir, la coexistence de ces deux facteurs.

37. ***Cas général.*** — En supposant, dans ce qui précède, que la différence de potentiel V était maintenue constante aux bornes du réseau, nous avons momentanément laissé de côté la question de savoir dans quelle mesure la résonance pouvait modifier la valeur même de V.

C'est à ce dernier ordre de phénomènes que se rattachent les effets les plus marqués et les plus dangereux des résonances, agissant pour renforcer, ainsi que nous l'avons vu (§ 26) l'amplitude de la différence de potentiel aux bornes du condensateur : différence de potentiel qui, dans le cas présent, coïncide avec V, puisque la capacité est en dérivation sur les bornes mêmes de la génératrice.

Pour tenir compte de tous les éléments en présence, il faut considérer comme *f. e. m.* agissante la *f. e. m.* E *induite à circuit ouvert* (c'est-à-dire uniquement déterminée par le taux d'excitation des inducteurs), dans la partie BB' du circuit total. Dans ces conditions, ce dernier comprendra, en série sur le bobinage BB' de l'induit, le condensateur C shunté par *bb'* (fig. 6). Si donc l est le coefficient de *s. i.* de BB', les résultats trouvés (§ 22 et suivants) dans le cas d'un condensateur et d'une *s. i.* en série s'appliquent au circuit ayant pour capacité C et pour coefficient de *s. i.* λ, tel que :

$$\lambda = \frac{lL}{l+L}.$$

38. ***Premier cas. La f. e. m. induite E est sinusoïdale.***

Soit :

$$E = E_0 \sin \omega t$$

son expression :

Pour :

$$\omega = \frac{1}{\sqrt{\lambda C}} = \frac{1}{\sqrt{\frac{lL}{l+L} C}},$$

la différence de potentiel aux bornes du réseau prendra une valeur maxima V_m qui, pour une *valeur donnée et invariable de l'excitation déterminant* E, pourra notablement excéder la valeur normale V.

Ce résultat est une conséquence immédiate des considérations développées au chapitre II. Mais, étant donné que, dans le cas actuel, la différence de potentiel V coïncide avec la *f. e. m.* effectivement engendrée par la génératrice en tenant compte de la chute de tension dans son induit, il est permis de se demander comment celle-ci peut se prêter aux conditions déduites des considérations de résonance.

On s'expliquera aisément ce fait, en substituant aux notions de *f. e. m. à circuit ouvert* et *chute de tension dans l'induit,* celles équivalentes de *flux inducteur* et *flux de réaction* (1). Le premier flux ne dépend que du taux d'excitation des inducteurs ; la *f. e. m.* E considérée précédemment en est la dérivée changée de signe ; le second est, abstraction faite des fuites, proportionnel à l'intensité du courant fourni au réseau par l'alternateur, et coïncide en phase avec ce courant. Le flux résultant Φ engendre la *f. e. m.* V, et la relation :

$$V = -\frac{d\Phi}{dt}$$

montre que sa phase est en avance de un quart de période sur celle de V. *Suivant donc que le flux de réaction sera en retard ou en avance sur V, son effet sera de diminuer ou d'accroître* Φ.

Il en résulte que si, à partir du moment où se trouvera réalisée la condition de résonance $\omega^2 LC = 1$ entre les éléments L et C du circuit extérieur, la valeur du produit $\omega^2 LC$ augmente, la composante déwattée du courant total, étant dès lors en avance de phase sur la différence de potentiel aux bornes, *renforcera le champ de l'alternateur,* et par suite la *f. e. m.* V, induite par Φ.

Or, pour $\omega^2 CL = 1$, on a $\omega^2 C \frac{lL}{l+L} < 1$: la résonance extérieure, définie par la première égalité, précé-

(1) Voir : « La pratique industrielle des courants alternatifs », chapitre III, p. 84 et suivantes.

dera donc la résonance totale, correspondant à :

$$\omega^2 C\lambda = \omega^2 \frac{lL}{l+L} C = 1$$

et, cette deuxième condition étant réalisée, on aura alors :

$$\omega^2 LC > 1,$$

donc, à ce moment, le courant étant en avance de phase sur V renforcera le champ de l'alternateur comme il vient d'être dit.

Comme d'ailleurs l'impédance totale du circuit possède alors la plus faible valeur possible, égale à la résistance ohmique des conducteurs, l'intensité du courant aura la plus grande valeur compatible avec les conditions d'excitation des inducteurs (c'est le résultat que nous avons précédemment trouvé par les considérations de résonance, § 24), et le renforcement sera lui-même maximum.

Les deux méthodes conduisent donc à des résultats identiques.

39. On conçoit facilement l'étendue des troubles qu'une surélévation imprévue du potentiel aux bornes viendrait apporter dans le fonctionnement du réseau. Il convient toutefois de considérer que diverses circonstances interviendront pour limiter le degré de possibilité d'un pareil accident, et en réduire les conséquences, alors même qu'il se produirait.

En premier lieu, l'ordre de grandeur de la capacité et celui de la fréquence, définie par le facteur ω, attribueront au produit $\omega^2 C\lambda$ une valeur généralement très inférieure à l'unité. Nous avons déjà signalé ce fait que, dans les conditions les plus fréquemment réalisées en pratique, le courant dans le réseau était en retard de phase sur la différence de potentiel aux bornes. Ceci indique que l'on a :

$$\omega^2 CL < 1,$$

et à fortiori :

$$\omega^2 C\lambda \quad \text{ou} \quad \omega^2 C \frac{lL}{l+L} < 1.$$

Mais les facteurs C et λ varient au cours d'une exploitation ; le premier, d'une époque à une autre avec l'extension du réseau ; le second, d'un instant à l'autre dans la même journée, avec le nombre et l'état de charge des récepteurs en fonction.

On pourrait donc craindre de voir les conditions de régime se modifier jusqu'à rendre possible la réalisation de la résonance.

Mais, sauf dans le cas où l'addition au réseau déjà en fonction d'une nouvelle canalisation viendrait, lors de sa mise en service, modifier instantanément la valeur de la capacité totale, le passage en cours de marche d'un état initial quelconque à l'état limite ne s'effectuera généralement pas assez vite pour que l'électricien préposé au service du tableau n'ait pas le temps de corriger, par le réglage de l'excitation, l'accroissement du potentiel qui lui est signalé par ses voltmètres, ainsi que par l'éclat des lampes témoin.

Nous savons en effet que le phénomène de renforcement est continu (§ 24). Supposons que, partant de conditions initiales telles que l'on ait :

$$\omega^2 CL < 1,$$

et à fortiori : $\omega^2 C \frac{lL}{l+L} < 1,$

le régime extérieur se modifie pour se rapprocher de la condition de résonance. Pour une valeur constante de l'excitation, le potentiel irait en croissant : mais l'électricien peut modifier à son gré cette excitation, et maintenir de la sorte le potentiel à sa valeur normale. Ce réglage s'effectuerait d'ailleurs automatiquement avec des alternateurs compound.

40. En second lieu, le renforcement du flux inducteur effectif Φ par le courant déwatté en avance de phase sera limité par la saturation du circuit magnétique.

Cette action aura son effet notamment dans le cas où la résonance se produirait brusquement, par suite d'une variation très rapide de l'état de régime : soit, par exemple, lors de la mise en service d'un nouveau tronçon de canalisation.

Dans les mêmes conditions, la surcharge imposée aux machines aurait pour effet de ralentir, au moins momentanément, leur vitesse : modifiant ainsi la période et la grandeur de la *f. e. m.* induite.

41. Mais le caractère distinctif du renforcement par résonance de la *f. e. m.* aux bornes du réseau, dans le cas théorique où celle-ci suivrait simplement la loi sinusoïdale, sera la manifestation très nette du phénomène par ses effets sur les appareils de mesure et sur les lampes. L'électricien, constatant une élévation de potentiel, sera conduit à effectuer presque automatiquement un réglage qui lui est familier, sans que rien, dans l'allure générale du phénomène, soit de nature à le troubler, en éveillant en lui l'appréhension d'un état de choses nouveau et inexpliqué.

42. ***Deuxième cas. La f. e. m. induite comprend des harmoniques.*** — Elle sera de la forme :

$$E = E_0 \sin(\omega t - \varphi_0) + \Sigma E_n \sin(n\omega t - \varphi_n).$$

Tout ce qui précède s'applique sans modification à la résonance de la *f. e. m.* fondamentale, premier terme de la série, dont la période est, tout au moins dans les conditions de régime normal, celle du courant dans le réseau.

Pour les raisons que nous venons d'énoncer, les dangers que présenterait le renforcement par résonance de l'amplitude E_0 ne semblent donc pas très à redouter : tant au point de vue de son degré de probabilité pratique, qu'à celui des conséquences inhérentes à sa réalisation éventuelle.

43. Mais tout différents seront les effets d'une résonance amplifiant l'une ou l'autre des harmoniques de la série ; et le degré de probabilité d'un semblable fait se trouve lui-même notablement accru.

Si en effet la période d'oscillation propre du circuit, définie par le facteur Ω tel que :

$$\Omega^2 C\lambda = 1$$

diffère généralement assez de la période de la fondamentale, elle pourra par contre coïncider avec celle d'une des harmoniques. Nous avons dit que l'on pouvait en pratique admettre l'inégalité.

$$\omega^2 C\lambda < 1,$$

comme se trouvant réalisée dans les conditions d'une exploitation normale. On en déduit :

$$\omega < \Omega,$$

ce qui signifie que le circuit possède en général une fréquence d'oscillation propre supérieure à la fréquence proprement dite $\left(F = \frac{\omega}{2\pi}\right)$ de la source.

Mais la fréquence d'une harmonique étant un multiple de cette dernière, la condition :

$$n\omega = \Omega,$$

définissant la résonance de l'harmonique de rang n pourra se trouver satisfaite à un moment donné. Et la probabilité d'une semblable coïncidence sera évidemment d'autant plus grande, pour le cas d'un circuit de constantes λ et C indéterminées *a priori*, que le nombre des harmoniques engendrées par la source sera lui-même plus grand.

D'autre part, la fréquence d'oscillation propre du circuit total varie constamment avec l'état de charge du réseau. Régi par le nombre et la puissance actuellement utilisée des récepteurs en fonction, d'où dépend en premier lieu la valeur du coefficient L, cet état de charge détermine en même temps le nombre des alternateurs couplés en parallèle, et par suite la valeur de l. Ces deux coefficients diminuent lorsque la charge augmente, et il en sera de même pour le coefficient de *s. i.* λ du circuit total, donné par la relation :

$$\lambda = \frac{Ll}{L + l} = \frac{1}{\frac{1}{l} + \frac{1}{L}}.$$

Comme d'ailleurs la valeur de C demeure constante (tout au moins tant que l'étendue de la canalisation en charge ne varie pas), le facteur de fréquence :

$$\Omega = \frac{1}{\sqrt{C\lambda}}$$

augmentera en fonction de la charge. D'où il résulte que *l'ordre dans lequel pourront successivement entrer en résonance les termes de la série, comptés à partir de la fondamentale, suivra la variation croissante de la charge sur le réseau.*

Par exemple, supposons que, aux instants où l'état de charge possède sa valeur minima, on ait :

$$\Omega > 3\omega \quad \text{et} \quad \Omega < 5\omega,$$

et que la charge augmente progressivement et d'une manière indéfinie. La fondamentale et l'harmonique 3 ne pourront jamais entrer en résonance, puisque la première inégalité se trouvera dès lors réalisée ultérieurement à fortiori. Mais il viendra un moment où l'on aura $\Omega = 5\omega$, puis, successivement, $\Omega > 5\omega$, $\Omega = 7\omega$ et ainsi de suite. Si donc la source engendre les harmoniques correspondantes, celles-ci entreront l'une après l'autre en résonance, après des intervalles au cours desquels leur renforcement sera alternativement croissant et décroissant.

44. Le renforcement par résonance de l'amplitude E_n d'un des termes de la série aura pour effet de substituer à la courbe, légèrement ondulée en régime normal, de la *f. e. m.* induite, une courbe de forme analogue à celle de la figure 8.

La valeur efficace et la valeur maxima de la *f. e. m.* E seront respectivement :

$$E_{eff.} = \frac{\sqrt{E_0^2 + E_n^2}}{2},$$

$$E_{max.} = E_0 + E_n,$$

d'où :

$$\frac{E_{max.}}{E_{eff.}} = \frac{E_0 + E_n}{\sqrt{\frac{E_0^2 + E_n^2}{2}}}.$$

La valeur de ce rapport est maxima, et égale à 2, pour $E_n = E_0$.

Pour une même valeur de la *f. e. m.* efficace, la

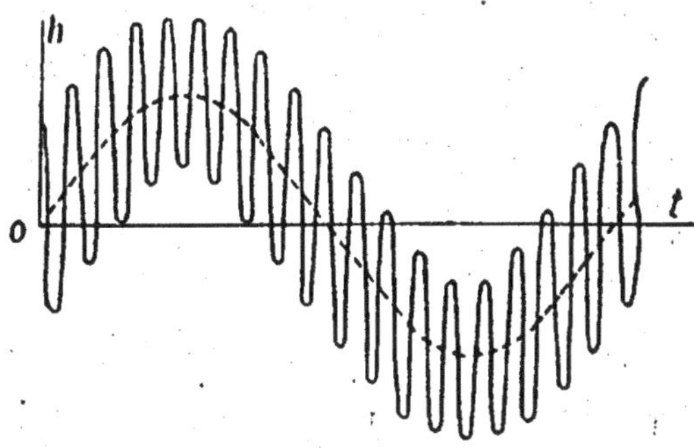

Fig. 8.

tension maxima susceptible d'occasionner la rupture des isolants se trouvera donc amplifiée par la résonance.

45. Mais le danger le plus grave réside dans ce fait que la connaissance de la *f. e. m.* efficace réelle échappera dans ce cas aux moyens de contrôle dont l'électricien dispose pour régler son voltage (1). Car l'impédance qu'opposeront les bobinages primaires des transformateurs aux courants de fréquence notablement supérieure à celle pour laquelle ils ont été prévus aura pour effet de soustraire presque totalement à leur influence la génération du flux inducteur,

(1) Éclairage électrique, T. XXI, p. 81 et suivantes (M. M. Leblanc).

et par suite celle de la *f. e. m.* induite aux bornes du secondaire. Il s'ensuivra que :

1° Les voltmètres en dérivation sur ces bornes n'indiqueront pas la valeur de la *f. e. m.* efficace réelle mais un chiffre généralement beaucoup plus faible.

Il en serait d'ailleurs de même pour des voltmètres établis en dérivation du circuit primaire, avec interposition de résistances inductives ;

2° Pour la même raison, l'éclat des lampes pourra n'être que très peu affecté par l'accroissement de la *f. e. m.* efficace.

L'écart entre la valeur apparente et la valeur réelle du potentiel aux bornes du réseau sera, toutes choses égales d'ailleurs, d'autant plus grand que l'harmonique en résonance sera d'un rang plus élevé.

L'électricien, privé de toute indication relative à l'accroissement du potentiel en ligne, ne pourra dès lors y porter remède. Au reste, un réglage de l'excitation, en diminuant l'amplitude du premier terme de la série dont la valeur détermine sensiblement celle de la *f. e. m.* induite au secondaire, aurait pour effet de réduire l'éclat des lampes, et d'occasionner éventuellement le décrochage des moteurs.

46. En second lieu, les parties du circuit magnétique sièges des dérivations de flux engendrant les harmoniques seront en général trop loin de la saturation pour que celle-ci puisse intervenir comme correctif vraiment efficace de la résonance.

Enfin, par le fait même de l'impédance qu'opposent les bobinages aux courants de fréquence élevée, l'énergie mise en jeu par la résonance d'une harmonique sera généralement trop faible pour donner lieu à un couple résistant capable de modifier la vitesse des moteurs.

Ainsi, tous les éléments qui intervenaient comme correctifs éventuels d'une résonance de la fondamentale feront, dans le cas présent, plus ou moins totalement défaut. Il convient toutefois de noter que les conducteurs, en opposant une résistance très grande au passage des courants de fréquence élevée, introduiront dans le système oscillant un facteur d'amortissement d'autant plus énergique que l'harmonique en résonance sera d'un rang plus élevé.

47. Les conditions susceptibles de provoquer ou de favoriser la résonance des harmoniques seront les suivantes :

1° En premier lieu, la présence d'harmoniques dans la *f. e. m.* induite par les alternateurs. Cette condition peut d'ailleurs n'être pas absolument nécessaire : car nous verrons plus loin que les récepteurs branchés sur le réseau peuvent, eux aussi, engendrer des harmoniques;

2° La capacité du réseau. La relation :

$$\Omega = \frac{1}{\sqrt{\lambda C}},$$

montre que la fréquence d'oscillation propre du réseau est inversement proportionnelle à la racine carrée de la capacité de la ligne. Donc, plus celle-ci sera grande et plus cette fréquence se rapprochera de celle des harmoniques basses de la *f. e. m.* aux bornes;

3° La même relation de proportionnalité existe entre Ω et λ. Or :

$$\lambda = \frac{Ll}{L + l},$$

et, toutes choses égales d'ailleurs, les deux facteurs L et l seront d'autant plus grands que le voltage pour lequel ont été prévus les divers bobinages (induits, primaires de transformateurs, stators, etc.), sera lui-même plus élevé. L'aptitude d'un réseau à faire résonner les harmoniques basses variera donc dans le même sens que le voltage aux bornes.

48. ***Génération des harmoniques dans les appareils récepteurs du réseau. Résonance locale.*** — Un autre facteur très important est la génération d'harmoniques induites par le fonctionnement des divers appareils récepteurs branchés sur le réseau. Qu'il s'agisse en effet du stator d'un moteur ou du primaire d'un transformateur, le propre du bobinage en dérivation sur les bornes du réseau sera d'être le siège d'une force contre-électromotrice — c'est-à-dire agissant comme réaction par rapport à la *f. e. m.* génératrice du courant, — liée au fonctionnement même de l'appareil, et subordonnée par suite à ses conditions d'établissement. Il est évident que la courbe de cette *f. e. m.* pourra, en principe, être quelconque : et le renforcement de ses harmoniques par la résonance du réseau se produira identiquement de la même manière que dans le cas d'une génératrice.

Prenons pour exemple le cas d'un moteur synchrone. Une semblable machine ne diffère pas, en principe, d'un alternateur construit pour fonctionner comme génératrice. Quelle que soit la cause extérieure qui détermine le mouvement de son rotor, ce mouvement aura pour effet d'induire une *f. e. m.* de forme uniquement déterminée par les conditions matérielles caractérisant la construction du moteur : forme des masses polaires, agencement des enroulements induits, etc..., et le fait de pouvoir fonctionner en réceptrice sur les bornes d'une *f. e. m.* donnée n'implique à priori aucune similitude de forme entre celle-ci et la *f. e. m.* induite par le moteur. La première pourra être sinusoïdale, et la seconde *absolument quelconque* : si donc elle renferme des harmoniques, celles-ci pourront être amplifiées par les éléments de résonance du réseau. Or, le renforcement d'une harmonique de rang élevé peut n'entraîner aucune dépense appréciable d'énergie, jusqu'au moment où la tension, agissant comme effort statique, arrivera à déterminer la rupture d'un isolant ou la production d'un arc, ouvrant ainsi un passage au courant de fréquence normale de la génératrice, et amenant la mise en court-circuit de celle-ci.

49. **Résonance locale.** — Un autre cas de résonance, localisant ses effets sur la réceptrice, pourra

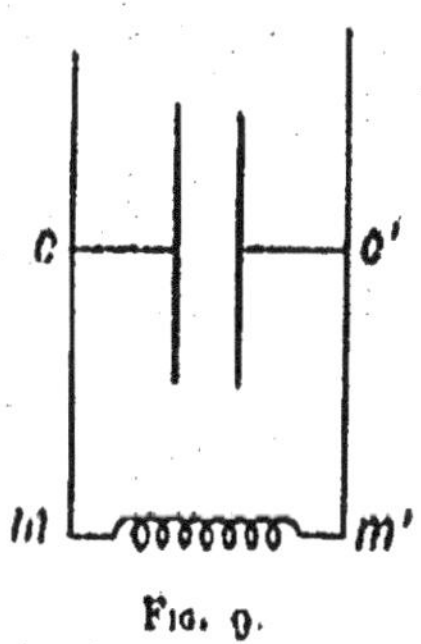

Fig. 9.

se produire dans les conditions suivantes. Soit *cmm'c'* (fig. 9) la dérivation alimentant le stator. Le circuit *cmm'c'* peut être considéré comme constitué par l'induit mm', de *s. i.* L, en série sur les armatures c' et c' du condensateur de capacité C, égale à celle de la ligne ; il est en outre le siège de la *f. e. m.* induite par le fonctionnement du moteur. Supposons que cette *f. e. m.* comporte l'harmonique de rang n. La résonance de cette harmonique, correspondant à la relation :

$$(n\omega)^2 CL = 1,$$

aura pour effet de réduire à la seule valeur de la résistance ohmique l'impédance que ce circuit opposait à la *f. e. m.* de fréquence $n\omega$. Celle-ci donnera naissance à un courant localisé dans le circuit $cmm'c'$, et dont l'intensité pourra être très grande.

50. *Conclusions.* — En résumé, les effets d'une résonance pourront se manifester sous les deux formes :

1° Accroissement du potentiel *effectif* (mais le plus souvent *non apparent*) aux bornes du réseau ;

2° Accroissement du débit pour une même puissance donnée.

La grandeur et la nature des effets produits varieront suivant le rang et le degré de renforcement de l'harmonique en résonance. Les manifestations les plus courantes sont : la rupture des isolants, en un ou plusieurs points, soit de la ligne, soit des génératrices, soit des divers récepteurs ; rupture amenant un court-circuit entre deux conducteurs, entre la terre et l'un d'eux, ou encore la production d'arcs sautant à travers l'air entre deux points du tableau de distribution, deux bornes quelconques, etc... Rappelons que l'accroissement, en *général progressif*, du potentiel, pourra, jusqu'à l'instant précis où il déterminera un accident du genre ci-dessus, passer inaperçu par suite de ce fait que, *l'intensité des courants de fréquence élevée, qu'il tend à produire dans le circuit fermé par l'ensemble des bobinages générateurs et récepteurs, étant considérablement restreinte par l'impédance de ces derniers, n'occasionnera en premier lieu qu'une dépense supplémentaire d'énergie assez faible pour être, dans la plupart des cas, pratiquement négligeable ; et qu'en second lieu, la même raison venant soustraire à leur action les appareils de mesure ou de contrôle, ceux-ci ne fourniront pas d'indication sur l'état réel de la tension aux bornes.*

C'est la raison pour laquelle les effets de ce genre semblent *instantanés,* bien qu'en réalité la loi de variation du phénomène soit essentiellement *progressive* — tout au moins tant qu'on ne vient pas apporter, par des fermetures ou des ouvertures de circuits, des brusques modifications à l'état de régime. Ce qui est instantané, c'est la rupture de l'isolant, au moment où la tension entre pôles dépasse la valeur limite de la résistance qu'il peut lui opposer ; mais cette valeur peut elle-même avoir été modifiée par une longue fatigue résultant de l'action permanente du phénomène.

51. L'accroissement de l'intensité dans un circuit local, généralement protégé par des fusibles ou des disjoncteurs, serait moins grave au point de vue de ses conséquences, bien qu'il puisse éventuellement occasionner la destruction plus ou moins complète de la réceptrice, au cas où les appareils de protection viendraient à ne pas fonctionner à temps.

Mais le fait suivant, qui s'est produit à Berlin, est d'un tout autre ordre de gravité. Il a été constaté que, dans certaines conditions de charge, le courant doublait brusquement d'intensité dans tous les feeders « sans que l'admission des machines variât sensiblement » et « bien que le voltage fût maintenu constant au départ par les agents de l'usine ». La fréquence était en même temps triplée.

Ce dernier fait indique que l'harmonique 3 était dès lors en résonance, et suffisamment amplifiée par rapport à la fondamentale pour que sa période se substituât à celle de cette dernière. Il est vraisemblable que les électriciens préposés au service du tableau, voyant monter le voltage (car la fréquence de l'harmonique en résonance n'était pas assez élevée pour que son renforcement fût sans effet sur les voltmètres), ont alors dû baisser l'excitation des inducteurs, réduisant de la sorte le flux principal, générateurs de la *f.e.m.* de période normale. Or, le courant produit par l'harmonique 3 était à ce moment décalé *par avance de phase* sur la différence de potentiel aux bornes (voir § 38); il intervenait donc, en dehors de l'excitation proprement dite, pour renforcer le champ par l'introduction d'un flux de même fréquence qui, devenant dès lors prépondérant, a imposé sa période.

L'admission n'a pas sensiblement varié aux machines motrices bien que l'intensité fût doublée, parce que le facteur de puissance de ce courant, fortement déwatté par avance de phase, avait de ce fait une valeur moitié moindre que dans les conditions de fréquence normale.

La cause de l'accident fut éliminée par l'introduction de bobines de self dans le circuit des alternateurs.

52. ***Moyens préventifs ; contrôle du réseau.*** — Pour

éviter la production de semblables phénomènes qui, pour une exploitation tant soit peu importante, constitueraient de véritables catastrophes, il conviendrait en principe :

1° De choisir des alternateurs donnant des courbes sensiblement sinusoïdales ;

2° D'éviter l'emploi de câbles concentriques, cette disposition conduisant à attribuer le maximum de capacité à un réseau de longueur et de section donnée ;

3° D'exclure tout récepteur susceptible d'engendrer des harmoniques.

Mais l'ensemble de ces conditions peut n'être pas rempli dans le cas d'un réseau existant. Il y a dès lors un moyen pratique de contrôle par lequel on peut être prévenu de l'imminence ou de la simple possibilité d'un accident éventuel en un point donné du réseau : c'est l'analyse des courbes par l'oscillographe de M. Blondel, ou les appareils similaires (rhéographe de M. Abraham, ondographe de M. Hospitalier). Il peut arriver que la production d'effluves, ou d'étincelles, semble dénoter une élévation de potentiel : il serait alors urgent de vérifier le fait par l'une ou l'autre des méthodes ci-dessus : et ce, non pas seulement dans un but d'études spéculatives, mais surtout en vue de porter remède à un état de choses dangereux, par une modification apportée aux constantes de la dérivation considérée ; soit, par exemple, en changeant le nombre ou la puissance des transformateurs en fonction sur cette partie du réseau ; en cherchant si le fait constaté n'est pas dû au fonctionnement d'un moteur, etc...

Un examen de ce genre, opéré à propos, ne manquerait pas de donner des résultats intéressants ; et l'on peut s'étonner de voir jusqu'à ce jour restreindre à des expériences de laboratoire l'emploi d'appareils susceptibles d'applications véritablement industrielles.

53. ***Régime variable : fermeture et ouverture d'un circuit.*** — Nous avons étudié, dans ce qui précède, le cas d'un régime sinon absolument constant, tout au moins exempt d'à-coups susceptibles de modifier d'une façon brusque son état actuel ; c'est seulement à cette condition que nous avons pu réduire à leur second terme les équations (41) et (43) :

$$I = I_0 e^{-\frac{R}{2L}t} \sin(\Omega t - \Phi) + \frac{\omega E_0 \cos(\omega t - \varphi)}{L\sqrt{\left[(\Omega^2 - \omega^2) + \frac{R^2}{4L^2}\right]^2 + \frac{R^2}{L^2}\omega^2}},$$

$$V = V_0 e^{-\frac{R}{2L}t} \sin(\Omega t - \psi) + \frac{E_0 \sin(\omega t - \varphi)}{LC\sqrt{\left[(\Omega^2 - \omega^2) + \frac{R^2}{4L^2}\right]^2 + \frac{R^2}{L^2}\omega^2}},$$

la valeur du premier terme devenant égale à O aussitôt établi le régime normal : soit pratiquement au bout d'un temps très court.

Il cesse d'en être ainsi dès que l'on se propose d'étudier ce qui se passe au moment de la fermeture ou de l'ouverture du circuit ; et, plus généralement, dans le cas d'une variation de charge capable de modifier rapidement et dans une notable mesure l'état d'équilibre dynamique du réseau.

Nous n'aborderons pas ici l'étude analytique de la question, quitte à revenir ultérieurement sur ce sujet.

Mais le simple examen des équations ci-dessus permet de prévoir qu'à l'instant de la fermeture la différence de potentiel aux bornes et l'intensité du courant dans le circuit, sommes algébriques des deux termes, pourront prendre des valeurs supérieures à celles du régime normal, définies par le second terme seulement.

A l'instant de la coupure, toute l'énergie interne du circuit tendra à se dissiper sous forme de chaleur localisée pour la plus grande part entre les deux points de coupure. L'intensité du phénomène sera évidemment subordonnée à sa durée. Mais la coupure vient modifier les constantes du circuit, en y introduisant un nouvel élément, de nature variable en fonction du temps, qui est la diélectrique, air ou huile, siège momentané de la décharge disruptive. La complexité de cette partie du circuit, dont les facteurs *s. i.*, capacité et résistance ohmique varient suivant une loi indéterminée à priori entre deux positions de l'organe de rupture, semble devoir surcharger de difficultés inextricables la théorie complète du phénomène. On sait toutefois qu'une semblable décharge pourra être caractérisée par des oscillations de fréquence élevée, vraisemblablement amorties assez vite par suite de l'importance de la résistance ohmique du milieu, mais dont il y a lieu de redouter les effets instantanés, susceptibles d'être amplifiés par résonance.

Dans l'un et l'autre cas, l'instant précis de la période auquel s'opère, soit le contact, soit la coupure, jouera évidemment un très grand rôle : car c'est de lui que dépendent les valeurs initiales V_0 et I_0. Il est facile de vérifier expérimentalement ce fait en effectuant à diverses reprises la manœuvre de coupure d'un circuit donné avec un même interrupteur ; on constate que la longueur d'arc varie notablement d'un essai à l'autre.

Mais ces deux opérations présentent en pratique une différence qu'il importe de signaler. La coupure n'est jamais rigoureusement instantanée ; quoi qu'on fasse, il s'établit toujours un arc, de si courte durée qu'il soit, lequel constitue une résistance croissant jusqu'à l'infini, valeur pratiquement atteinte au moment où l'intensité devient nulle ; il ne semble d'ailleurs pas qu'il soit prudent de chercher à réaliser des coupures trop brusques. Par contre, avec les appareils en usages et sauf addition de dispositifs spéciaux, la fermeture se produit à un instant précis, sans faire intervenir la réduction progressive de la résistance primitivement infinie. Les conditions théoriques se trouvent donc remplies sans restriction, et l'éventualité d'une dangereuse élévation de potentiel demeure tout entière. Une bonne pratique consisterait à s'interdire une semblable manœuvre, tout au moins dans le cas d'un réseau possédant une capacité importante.

En limitant à ces quelques aperçus généraux l'étude sommaire d'une question complexe, que j'espère voir un jour traitée plus complètement par un auteur mieux que moi en mesure de mener à bien semblable tâche, je dois adresser l'expression de ma sincère et profonde gratitude à M. Maurice Leblanc, qui a bien voulu s'intéresser à mon travail et me fournir de précieux conseils au cours de sa rédaction.

Issy, 8 juin 1903.

G. Chevrier.

TABLE DES MATIÈRES

CHAPITRE I

MOUVEMENTS OSCILLATOIRES

CHAPITRE II

CIRCUITS ÉLECTRIQUES

CHAPITRE III

RÉSONANCES DANS LES CIRCUITS DE DISTRIBUTION

CHARTRES. — IMPRIMERIE DURAND, RUE FULBERT.

CHARTRES. — IMPRIMERIE DURAND, RUE FULBERT.

www.ingramcontent.com/pod-product-compliance
Ingram Content Group UK Ltd.
Pitfield, Milton Keynes, MK11 3LW, UK
UKHW021222230726
13926UKWH00003B/1178

9 782016 178133